ulmer

Lydia Germain | Jasper Rimpau

KOMPOST AUS DER KISTE

Wurmkisten für den Hausgebrauch selbst bauen

Ein altes französisches Sprichwort sagt:

Le Bon Dieu seul sait comment on rend la terre fertile et il a confié son secret aux vers de terre. –

Der liebe Gott allein weiß, wie man fruchtbare Erde macht und er hat sein Geheimnis den Regenwürmern anvertraut.

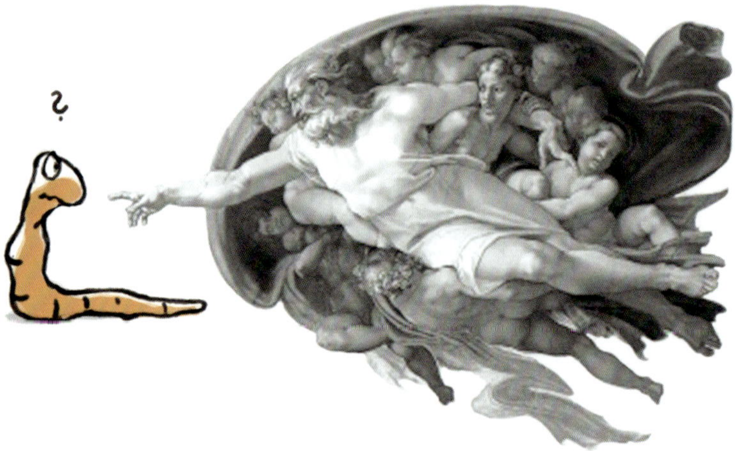

Kompostieren in der Wohnung?

Ja, auch in der Wohnung können Bioabfälle kompostiert werden und das sogar völlig geruchsfrei! Möglich wird dies mit einer Wurmkiste, manchmal auch Wurmfarm genannt. Das sind einzelne, übereinander gestapelte Kisten, in denen Kompostwürmer fast alle Küchenabfälle zersetzen. Der Rottevorgang verläuft wesentlich schneller als im herkömmlichen Gartenkompost und nach drei bis neun Monaten ist der Kompost aus der Kiste fertig.

In der Wurmkiste können Sie mit Hilfe der Kompostwürmer alle weichen, organischen Abfälle aus Küche und Garten in Wurmhumus und Flüssigdünger verwandeln. Sie können Ihren Hausmüll um 1/4 bis 1/3 verringern und Ihre Pflanzen nährstoffreich versorgen. Durch den entfallenden Müllabtransport können Sie sogar Geld und CO_2 einsparen. Angler können in der Wurmkiste ausreichend Köder heranziehen, denn bestimmte Wurmarten eignen sich hervorragend zum Angeln.

Die in diesem Buch vorgestellten Wurmkisten-Modelle eignen sich sowohl für die Wohnung, als auch für den Außenbereich. Besonders interessant sind Wurmkisten für Balkon- oder Stadtgärtner mit wenig Platz für einen herkömmlichen Kompost.

Wir selbst begannen das Kompostieren in der Wohnung mit einem gekauften Modell. Zwar waren wir damit sehr zufrieden, uns störte jedoch der hohe Anschaffungspreis. So entwickelten wir eine Wurmkiste, die für jeden erschwinglich ist: ein System aus Polystyrolkisten, die als Abfallmaterial sogar kostenlos erhältlich sind. Zusammen mit einigen weiteren Materialien kann die Kiste für wenige Euros schnell gebaut und in Betrieb genommen werden. Handwerkliche Fähigkeiten werden beim Bau kaum benötigt. Auch unser zweites Modell aus Holz kann einfach nachgebaut werden. Alle vorgestellten Systeme wurden mehrere Jahre getestet und funktionieren ausgezeichnet, sie produzieren zuverlässig Wurmhumus und Flüssigdünger.

Ganz nebenbei können Sie durch den Betrieb der Wurmkiste mit der ganzen Familie ein komplettes Ökosystem beobachten und natürliche Kreisläufe für Ihre Kinder erlebbar machen.

Wir hoffen, Sie für die Wurmkompostierung zu begeistern. Vielleicht schließen Sie die fleißigen Kompostwürmer in Ihr Herz, schaffen demnächst Ihren eigenen kleinen Kreislauf und veredeln Ihre Küchenabfälle zu wertvoller Pflanzennahrung.

Heute schon kompostiert?

Die Kompost-würmer

Jeder, der nach einem Regen in der freien Natur oder im Garten spazieren geht oder im Garten tätig ist, trifft auf Regenwürmer in mehr oder weniger großer Zahl und Größe. Besonders die Gärtner schätzen sie sehr, bringen wir sie doch zu Recht mit guter, fruchtbarer Gartenerde in Verbindung.
Der weitläufig genutzte Name „Regenwurm" stammt übrigens nicht, wie irrtümlich oft geglaubt, von dem Wort „Regen". Er leitet sich vielmehr von dem im Mittelalter verwendeten Ausdruck „reger Wurm" ab. Damit wurde der Wurm als ein fleißiges Tier, welches sich viel bewegt, beschrieben. Mit der Zeit wurde daraus dann der Regenwurm. Im Französischen (ver de terre) und Englischen (earthworm) wird dieses Tier als Erdwurm bezeichnet.
Doch sind die hier beobachteten regen Würmer auch unsere Kandidaten für die Wurmkiste?

Die Familie des Kompostwurmes

Der Körper des Kompostwurms setzt sich aus vielen Ringen zusammen, so gehört er – wie alle Regenwürmer – zum Stamm der Ringelwürmer (Annelida). Kompostwürmer gehören zu den Arten, die zusätzlich eine gürtelartige Verdickung im vorderen Drittel des Körperbereiches (Clitellum) ausbilden. Sie werden daher zur Klasse der Gürtelwürmer (Clitellata) gezählt. Um sich fortzubewegen haben Gürtelwürmer Borsten in ihrer Haut, die auch zur Artbestimmung herangezogen werden. Tiere mit wenigen Borsten werden zur Ordnung der Wenigborster (Oligochaeta) zusammengefasst. Innerhalb dieser Ordnung bilden die Regenwürmer (Lumbricidae) eine eigene Familie. Zu beachten ist, dass nur die wisssenschaftlichen Namen die verschiedenen Arten eindeutig benennen. Deutsche Trivialnamen

Systematische Kategorie	Deutsche Bezeichnung	Wissenschaftliche Bezeichnung
Stamm	Ringelwürmer	Annelida
Klasse	Gürtelwürmer	Clitellata
Ordnung	Wenigborster	Oligochaeta
Familie	Regenwürmer	Lumbricidae
Gattung	Kompostwürmer	*Eisenia, Dendrobaena*
Art	Mistwurm, Gelbschwanz, Rotwürmer, Dendros	*Eisenia fetida, Eisenia andrei, Dendrobaena veneta*

werden oft wirr durcheinander genutzt. Es gibt 39 einheimische Arten, darunter die Kompostwürmer, *Eisenia fetida*, *Eisenia andrei*, *Dendrobaena veneta*, und *Lumbricus rubellus*.

Was sind das für Würmer?

Von den mehr als 3000 verschiedenen Würmern dieser Erde können nur wenige Arten für die Kompostkiste verwendet werden. Besonders eignen sich die Kompostwürmer *Eisenia fetida*, *Eisenia andrei* und *Dendrobaena veneta*.

Diese drei Arten haben sich vor Millionen von Jahren auf das Zersetzen von organischen Materialien spezialisiert. Bei den dabei entstehenden Temperaturen fühlen sie sich sehr wohl. Ihr Vermehrungszyklus ist schneller als der anderer Arten – als Ausgleich dafür, dass sie Fressfeinden in den oberen Erdschichten, in denen sie sich hauptsächlich aufhalten, stark ausgesetzt sind.

Aus diesem Grund kann nicht jeder beliebige „Regenwurm" eingesammelt und in die Wurmkiste gesetzt werden. Die eher hellen, rotbraunen Würmer (*Lumbricus terrestris*), die beim Regenguss aus der Erde kriechen, sind vor allem für die Belüftung der Erde zuständig. Sie leben tief in der Erde und würden sich in den warmen Temperaturen der Wurmkiste nicht wohlfühlen und nicht vermehren.

Mistwürmer unter sich: Eisenia fetida und Eisenia andrei

Eisenia fetida und Eisenia andrei

Diese Würmer werden am häufigsten in Wurmkisten gehalten. Sie können leicht erworben oder in der Natur gefunden werden. Da sie sehr schnell geschlechtsreif werden und sich rasch vermehren, haben Sie innerhalb kurzer Zeit die benötigte Anzahl an Würmern in Ihrer Kiste. Zudem halten sie eine weite Temperaturspanne aus und nehmen daher kleinere Unachtsamkeiten hinsichtlich der Temperatur nicht so übel.

Eisenia fetida und *E. andrei* sind eng miteinander verwandt, und können nur mithilfe eines Mikroskopes zuverlässig unterschieden werden. Daher gruppieren wir beide Spezies zusammen.

Auf Grund seiner Vorliebe für Misthaufen und wegen eines stinkenden Sekretes, das er unter Stress ausscheidet, wird *Eisenia fetida* umgangssprachlich auch häufig Mistwurm genannt. Daher kommt auch sein lateinischer Name: *fetida*, was soviel wie stinkend bedeutet. Der Mistwurm unterscheidet sich mit seiner kräftigen, roten Farbe vom herkömmlichen „Regenwurm“ (Tauwurm). Seine starke Färbung schützt ihn vor der UV-Strahlung. Dies ist notwendig, da er in den oberen 30 cm des Bodens lebt, nämlich dort, wo sich in der Natur große Mengen organischen Materials ansammeln.

Durch ihre starke Vermehrungsrate können die Kompostwürmer sehr schnell auf ein plötzliches Nahrungsangebot reagieren. Fühlt sich der Mistwurm in der Wurmkiste wohl, verdoppelt sich die Wurmpopulation alle drei Monate, bis sie sich der zur Verfügung stehenden Nahrungsmenge angepasst hat. Das Zusammenleben auf engem Raum schätzt er dabei sehr. Daher sieht man ihn häufig in engen Berührungen mit seinen Artgenossen.

Mit etwa 5 bis 10 cm Länge ist der Mistwurm deutlich kleiner als andere Regenwürmer. Neben seiner roten Färbung ist besonders seine getigerte Streifung auffällig.

Bis aus einem frisch gelegten Kokon ein geschlechtsreifer Wurm geworden ist, vergehen 45–51 Tage.

Würmer sind auf eine feuchte Umgebung angewiesen. Bei 85 % Luftfeuchtigkeit fühlen sich die Mistwürmer am wohlsten, sie kommen aber auch mit einem Feuchtigkeitsgrad von 70–90 % noch gut zurecht. Durchschnittlich werden die Mistwürmer etwas weniger als 600 Tage alt, sie können aber durchaus ein Alter von 4–5 Jahren erreichen.

Leichtgewichte

Ein Kompostwurm wiegt durchschnittlich etwa ein halbes Gramm.

Auch gut als Köder an der Angel: Dendrobaena veneta

Dendrobaena veneta

Eine weitere geeignete Art der Kompostwürmer sind die *Dendrobaena veneta* (Dendros, wie sie von den Anglern kurz genannt werden). Mit einer Länge von bis zu 15 cm sind sie größer und schwerer als der Mistwurm. Unter Wasser bleiben sie lange aktiv, sodass sich Dendros besonders gut als Angelköder eignen.

Dendrobaena veneta vermehrt sich etwas langsamer als der *E. fetida* oder *E. andrei*. Aber da das einzelne Individuum größer als *E. fetida* wird, kann auch diese Art relativ viel Biomüll verzehren. Am wohlsten fühlt er sich bei 25°C, kann jedoch noch gut bei Temperaturen zwischen 0 und 30°C überleben. Wenn Sie Terrarientiere halten, können Sie Dendros auch als Futtertiere züchten. Ihre Tiere werden sich über diese Leckerbissen freuen.

Welche Art soll ich wählen?

Wenn Sie Ihre Würmer ausschließlich zum Kompostieren verwenden wollen, sind alle drei Arten gut geeignet. Ideal ist eine anfängliche Mischung aus allen Dreien, bei der sich nach einem längeren Zeitraum in der Wurmkiste eine Art durchsetzt. Diese ist dann am besten an die örtlichen Verhältnisse und Ihre Futterzugaben angepasst. Wenn Sie die Würmer auch zum Angeln oder als Köder verwenden wollen, sollten Sie sich jedoch gleich für die Dendros entscheiden.

Woher bekomme ich meine Würmer?

Um die für Ihre Wurmkiste erwünschten und benötigten Helfer zu erhalten, gibt es mehrere Wege.

Kompostwürmer selbst suchen

In milden Monaten können Mistwürmer in Mist- und Komposthaufen sowie liegengebliebenen Grünabfällen gefunden werden. Es genügt, diese organischen Abfälle schichtweise beiseite zu schieben oder vorsichtig zu durchwühlen. Am leichtesten sind sie im halbreifen Kompost zu finden.
Befassen Sie sich zuvor aber besser ausführlich mit den Kompostwürmern, um sie sicher von anderen Würmern unterscheiden zu können. Kompostwürmer findet man leider nicht überall: Bei eigenen Suchaktionen stießen wir vor allem auf viele Tauwürmer. Auch sie werden durch den Kompost angezogen, leben normalerweise aber als Einzelgänger tiefer im Erdreich. Nur Kompostwürmer können jedoch ihrer Aufgabe in der Wurmkiste gerecht werden und sich dort vermehren.
Wenn Sie Ihre Würmer selbst suchen wollen, sollten Sie wenigstens 500 g, das sind etwa 1000 Kompostwürmer oder 1½ Handvoll, sammeln.

Kompostwürmer anlocken

Wenn weder Mist- noch Komposthaufen zur Verfügung stehen, gibt es einen alten Anglertrick, mit dessen Hilfe die Würmer angelockt werden können. Er funktioniert jedoch nur bei mildem Wetter. Dafür wird auf dem Erdboden eine Lage Karton ausgebreitet und leicht angefeuchtet. Sorgen Sie dafür, dass die Kartonschicht immer feucht gehalten wird. Dies bietet einen Schutz vor Sonne, Austrocknung und hungrigen Vogelschnäbeln.
Breiten Sie nun jeden Tag unter der Kartonschicht Kaffeesatz aus. Noch besser funktioniert es, wenn Sie den Kaffeesatz mit halb zersetzten Blättern vermischen. Nach einigen Wochen haben sich Kompostwürmer im Kaffeesatz angesiedelt und können eingesammelt werden. Bei uns hat es auch gut funktioniert, im Herbst eine dicke Lage Stroh auf der Erde auszubringen und dieses feucht zu halten. Im Frühling können dann erwachsene Kompostwürmer, Jungtiere und Kokons eingesammelt werden.

Kompostwürmer als Geschenk

Vielleicht kennen Sie jemanden, der bereits eine Wurmkiste besitzt und Ihnen einige Würmer abgeben kann. Möglicherweise können Sie auch halbfertigen Kompost mit Kokons und einzelnen Würmern erhalten. Gehen Sie das Projekt Wurmkiste dann aber langsam an, damit sich die Würmer erst einmal ausreichend vermehren können.
Ein eingespieltes System wird durch die Entnahme von bis zu 10 % der Würmer in 12 Wochen nicht gestört, da sich die ursprüngliche Populationsgröße so rasch wieder einstellen kann.

Kompostwürmer kaufen

Eine weitere Möglichkeit besteht darin, Kompostwürmer käuflich zu erwerben. Im Service-Teil dieses Buches finden Sie hierzu einige hilfreiche Adressen. Achten Sie beim Kauf von Kompostwürmern auf die Zahl und das Alter der Würmer, die Sie bekommen. Eine Mischung aus jungen und alten Kompostwürmern sowie verschiedenen Arten passt sich am schnellsten an ihre neue Situation an. Auch sollte auf den Versand in Eimern verzichtet werden, da das enthaltene Substrat schnell anaerob wird.

Weitere Lebewesen in der Wurmkiste

In der Wurmkiste läuft ein ähnlicher Prozess ab wie draußen in der Natur. Abgestorbene Materie gelangt auf den Boden. Feuchtigkeit, Bakterien und Pilze weichen das tote Pflanzenmaterial auf. Jetzt stürzt sich eine Heerschar von weiteren Lebewesen auf die Materie. Jede Gruppe von Lebewesen hat ihre Nische in der Zersetzungskette und hinterlässt das Material etwas kleiner, als es vorher war. Am Anfang stehen die groben Asseln und zahlreiche Milben. Das Ende der Kette bilden Bakterien und winzige Pilze. Somit wird die organische Materie mehrmals gefressen, bis sie vollständig abgebaut und wieder pflanzenverfügbar ist. Mitten in der Zersetzungskette befindet sich unter anderem der Regenwurm, der maßgeblich an der Stabilisierung der Nährstoffe im Boden beteiligt ist.

Zwar hebt der Name Wurmkiste besonders die Gattung der Würmer hervor, es leben dort jedoch auch viele weitere Tiere und Mikroorganismen. Sie sind für den Rottevorgang ebenso wichtig wie die Würmer. Manche kann man mit bloßem Auge erkennen, andere hingegen nur unter einem Mikroskop. Sie siedeln sich von allein an, zum Beispiel mit den frischen Obst- und Gemüseabfällen. Auch wenn Sie Laub, Kompost und Mist in Ihre Wurmkiste geben, führen Sie damit weitere Lebewesen ein, wie beispielsweise Asseln, Hundert- und Tausendfüßer. Da sie zur Kompostierung beitragen, sollten Sie nichts gegen diese Organismen unternehmen und sie einfach für sich arbeiten lassen. Jede Wurmkiste ist ein eigenes kleines Ökosystem, das sich bestens auf die örtlichen Bedingungen einstellt. Daher finden sich in jedem System auch unterschiedliche Lebewesen ein. Einige von diesen werden hier vorgestellt.

Enchyträen (*Enchytraeus albidus*) sind sehr kleine Würmchen mit einer Körperlänge von 0,5–3 cm. Sie sind weiß bis hellgelb gefärbt und wesentlich dünner als Kompostwürmer, sodass sie sich deutlich von diesen unterscheiden. Auch sie ernähren sich von abgestorbener Materie, bevorzugen jedoch ein eher saures Milieu. Wenn sich in Ihrer Wurmkiste wirklich sehr viele Enchyträen einfinden, ist das Substrat zu sauer. Hier können Sie Abhilfe schaffen, indem Sie Kalk oder Mineralmischungen (Mineral-Mix) zugeben. Enchyträen werden übrigens oft als Futtertiere für die Aquaristik und Terraristik gezüchtet. Dies ist auch in einer Wurmkiste möglich, wenn spezielles Futter eingesetzt wird. Weitere Hinweise finden Sie auf Seite 84 und Seite 40 (pH-Wert).

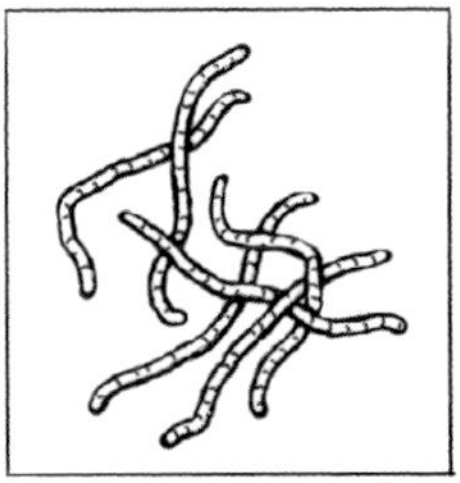

ENCHYTRÄEN

Springschwänze (Collembola) sind weiß gefärbt und heben sich damit deutlich vom erdfarbenen Untergrund ab. Charakteristisch für diese flügellosen Tiere ist ihre Sprunggabel, mit der sie sich bei Gefahr wegkatapultieren können. Da ihre Körpergröße nur 1–5 mm beträgt, kann man mit bloßem Auge nicht allzu viele Details erkennen. Leichter wird es mit einer Lupe oder einem Mikroskop.

SPRINGSCHWANZ

Springschwänze sind zum Abbau organischer Materie sehr wichtig und weiden häufig Algen, Pilzgeflechte und Bakterienrasen ab. Sie halten sich daher gerne auch auf dem Sickerwasser auf.

Asseln kommen nur dann in der Wurmkiste vor, wenn sie entweder bewusst eingeführt wurden oder wenn sie aus Versehen über Laub und Gartenabfall in Ihre Kiste gelangen. Die kleinen Krebstiere atmen mit Kiemen, die sie beständig feucht halten müssen. Da Asseln mit ihren kräftigen Mundwerkzeugen auch frische und zähe Pflanzenabfälle gut zerstückeln und verdauen können, sind sie für die Humusbildung hoch bedeutsam. Ihr Auftreten stellt somit kein Problem dar und kann ignoriert werden. Einheimische Asseln werden 0,3 bis 1 cm groß. Ihr Körper ist vom Rücken zum Bauch abgeplattet und besteht aus mehreren Körpergliedern, die wie ein Kettengerüst wirken. Bei Gefahr können sie sich zu einer Kugel zusammenrollen.

ASSEL

Tausendfüßer leben natürlicherweise in Laub, Mist, Holzstückchen oder Kompost. Sie gehören zu den ältesten Lebewesen der Erde und werden den Insekten zugeordnet. Da sie sich von abgestorbenen Pflanzenteilen, Algen und Flechten ernähren, tragen sie somit ebenfalls zum Rottevorgang bei. Ihren länglichen Körper mit je zwei Beinpaaren pro Segment und zwei Antennen am Kopf kennt jedes Kind. Von 1000 Beinen ist er übrigens weit entfernt: Je nach Art besitzt der Tausendfüßer zwischen 16 und 680 Beinen.

Die verschiedenen Arten der Tausendfüßer sind braun, schwarz oder weiß gefärbt. In einer Gefahrensituation können sie – ähnlich wie der Marienkäfer – ein Wehrsekret absondern, das auf den Schleimhäuten brennen oder bitter schmecken kann. Auf diese Weise schützen sie ihre Art vor Fressfeinden. Für Menschen ist das Wehrsekret jedoch ungefährlich.

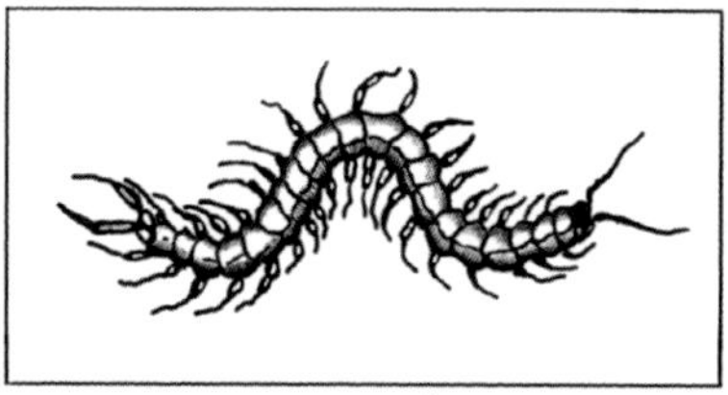

TAUSENDFÜSSER

Äußerst selten kommen im Wurmkompost auch **Hundertfüßer** vor, die ebenfalls zur Familie der Tausendfüßer gehören. Sie haben jedoch längere Fühler und Beine als der Tausendfüßer und können zudem sehr schnell rennen, womit sie sich ebenfalls vom langsamen Tausendfüßer unterscheiden. Hundertfüßer leben räuberisch und schnappen sich hin und wieder auch einmal einen jungen Regenwurm. Dies stellt jedoch keine ernsthafte Gefahr für die gesamte Wurmbevölkerung dar und gehört in der Natur zum Lebenskreis dazu.

Auch viele verschiedene Arten von **Milben** leben in Ihrer Wurmkiste. Sie sind so klein, dass es schwierig ist, sie mit bloßem Auge zu sehen. Die kleinsten Milben werden nur etwa 0,1 mm groß. Milben haben acht Beine und einen runden Körper. Sie gehören somit zur Klasse der Spinnen. Die in der Wurmkiste vorkommenden Milben zählen meist zu den Hornmilben. Sie leben in den oberen 30 cm des Erdbodens und

ernähren sich von den stärker zersetzten Abfällen. Da sie rund 75 % ihrer Nahrung nicht verdauen und daher wieder ausscheiden, bieten sie mit ihren Exkrementen eine ideale Nahrungsgrundlage für Bakterien. Sie stimulieren auf diese Weise die Aktivität anderer Bodenlebewesen und leisten zudem einen erheblichen Beitrag zur Humusbildung.
In einer ausgeglichenen Wurmkiste siedeln sich auch Raubmilben an. Sie haben im Gegensatz zu den Hornmilben einen eher schlanken Körper und relativ lange Beine, mit denen sie sich sehr schnell bewegen können. Raubmilben tragen zu einem Gleichgewicht in der Wurmfarm bei.
Gelegentlich kann es bei Milben zu einer wahren Populationsexplosion kommen, wenn zum Beispiel viel Obst oder anderweitig sehr einseitig gefüttert wird. Dies ist unbedenklich und kann durch vielseitigeres Futter wieder ausgeglichen werden.

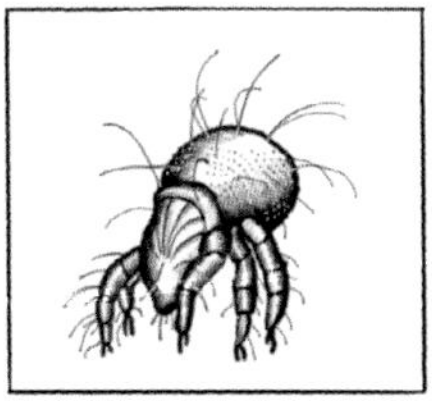

HORNMILBE

Bakterien sind winzige, meist einzellige Organismen mit unterschiedlicher Form und Größe. Sie sind so klein, dass sie häufig nur mit einem Mikroskop zu erkennen sind. Bodenbakterien sind für die Zersetzung biologischer Masse unverzichtbar. Durch sie werden die Nährsalze für die Pflanzen verfügbar gemacht. Sie leben in einem dünnen Wasserfilm, der die Bodenteilchen ummantelt.
Bakterien vermehren sich asexuell durch Zellteilung und können sich so alle 20 Minuten verdoppeln. Im Kompost kommen Bakterien vor, die Sauerstoff benötigen (aerobe Bakterien). Wenn Sie jedoch beispielsweise mehr Futter zugeben, als gefressen werden kann, oder die Sauerstoffzufuhr unterbunden wird, dann vermehren sich Fäulnisbakterien, für die Sauerstoff Gift ist (anaerobe Bakterien). In diesem Fall tritt ein unangenehmer, fauliger Geruch auf und die Würmer vermeiden diese Stellen oder werden krank.

Pilze zählen weder zu den Pflanzen noch zu den Tieren und bilden ein eigenständiges Reich. Auch sie sind für den Abbau organischer Substanzen unverzichtbar. Besonders schwer zersetzbare Materie, wie verholztes Material, wird vor allem von Pilzen aufgespalten und verwertet. In Ihrer Wurmkiste kommen verschiedene Arten von Pilzen vor, die nach getaner Arbeit von selbst wieder verschwinden.
Auch Schimmel gehört zu den Pilzen und kann im Zersetzungsprozess auftreten. Ist Schimmel an einem Nahrungsmittel aufgetreten, verschwindet er im Laufe des Zersetzungsprozesses von allein, wenn weitere Nahrungsmittel nur sparsam zugegeben werden. Generell tritt Schimmel in offener Form nur selten auf. Sollten Sie Bedenken wegen einer Stelle mit Schimmel haben, können Sie diese im Substrat unterheben oder ganz im normalen Hausmüll entsorgen.

Fruchtfliegen (*Drosophila*) – auch Taufliegen oder Essigfliegen genannt – kommen oft in der Wurmkiste vor, wenn viel Obst gefüttert wird. Diese 1–6 mm großen Fliegen mit roten Augen vermehren sich sehr schnell und können so zur Plage werden. Die Larven der Taufliegen kommen bereits mit der Schale des Obstes in die Wurmkiste, sodass sie schwer zu vermeiden sind. Wie Sie mit diesem Problem fertig werden, beschreiben wir in dem Kapitel „Fragen und Antworten“ auf Seite 91.

Die Biologie der Würmer

Wie sind sie nun gebaut, die Kompostwürmer, die dazu beitragen, unsere Bioabfälle wieder in den Naturkreislauf zurückzubringen, und dabei auch noch fruchtbaren Boden hinterlassen?

Körperbau

Der Wurm hat einen runden, langgestreckten Körper, der in Segmente unterteilt ist. Im Inneren sind die Segmente weitgehend gleich gestaltet und weisen eine immer wiederkehrende Form auf: Jedes Segment bildet eine Kammer mit einem Nervenknoten, einem Ausscheidungsorgan und Adern, die der Sauerstoff- und Nährstoffzufuhr dienen. Lediglich die vorderen Segmente und die Segmente mit den Fortpflanzungsorganen unterscheiden sich hierin etwas.
Auf den ersten Eindruck sehen Vorder- und Hinterteil gleich aus. Mit etwas Übung können Sie jedoch schnell erkennen, wo beim Wurm der Kopf ist: Das Vorderteil des Wurmes ist dunkler gefärbt und zugespitzt, das Hinterteil hingegen etwas abgeflacht.

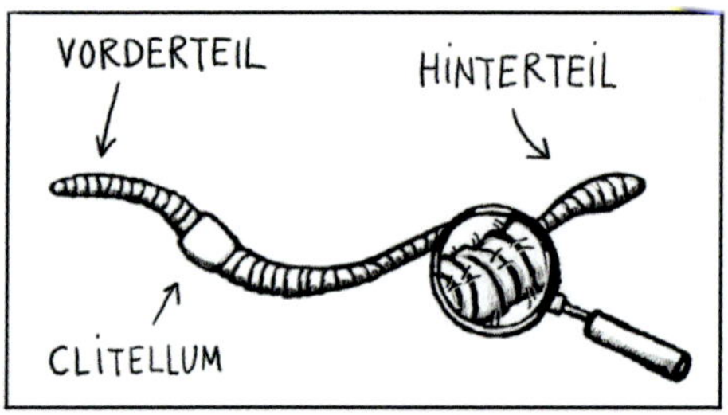

Das Clitellum

Besonders auffällig ist eine hell gefärbte Verdickung im vorderen Drittel des Wurmleibes. Dieses Organ wird Clitellum (lat. für Gürtel) genannt. Es kommt nur bei geschlechtsreifen Tieren und in idealer Umgebung vor. Wenn Sie darauf achten, können Sie erkennen, wie viele geschlechtsreife Würmer sich in der Wurmkiste befinden.

Das Hydroskelett

Der Wurm kann sich durch enge Schlitze zwängen, sich lang und dünn, aber auch kurz und dick machen. Dies gelingt ihm jedoch nur, weil er keine Knochen hat. Er zählt somit zu den wirbellosen Tieren.

Ein Hautmuskelschlauch hält die Form der Würmer stabil. Dieser mit Flüssigkeit gefüllte Schlauch besteht aus Längs- und Quermuskeln, welche dem Wurm seine Flexibilität ermöglichen. Durch dieses Hydroskelett ist der Wurm in der Lage, auch die kleinsten Ritzen im Erdreich aufzustemmen und so den Boden aufzulockern.
Im Gegensatz zu den anderen Arten ist die innere Flüssigkeit des Kompostwurmes *Eisenia fetida* gelblich gefärbt und leicht stinkend. Bei Gefahr scheidet der *Eisenia fetida* sie über Drüsen in der Haut aus und schreckt so Feinde ab.

Die Borsten

In jedem Segment befinden sich vier steife Borstenpaare (Seten), die aus Chitin bestehen. Diese Borsten nutzt der Wurm, um sich in den Gängen fortzubewegen und um sich bei Gefahr festzuhalten. In Ihrer Wurmkiste können Sie oft beobachten, wie sich Würmer blitzschnell zurückziehen. Die Würmer lassen oft 1/3 ihres Körpers im Substrat und krallen sich mit den Borsten fest. Bei Gefahr können sie sich dann sehr schnell zurückziehen.

Aus eins mach zwei?

Es ist übrigens eine Legende, dass aus einem geteilten Wurm zwei werden.

Atmung

Würmer benötigen zum Überleben Sauerstoff. Über die feuchte Haut nehmen sie diesen auf und scheiden Kohlendioxid aus. Da ihre Haut die Funktion der Lunge übernimmt, ist es wichtig, dass die Haut ausreichend feucht ist. Spezielle Schleimzellen schützt sie vor dem Austrocknen. Dank der Hautatmung kann der Regenwurm übrigens auch eine ganze Weile im sauerstoffreichen Wasser überleben.

Färbung

Je nach Art ist die Färbung sehr unterschiedlich. Arten, die nahe der Oberfläche leben wie der Kompostwurm, sind eher dunkler gefärbt. Der rötliche bis blauviolette Farbton schützt sie vor der UV-Strahlung, die den Würmern schadet. Tief im Erdboden lebende Arten sind weniger pigmentiert und demnach heller. Einige Regenwürmer wie der Tauwurm kommen immer mal wieder an die Oberfläche und ziehen sich Futter in ihre Gänge. Diese Arten haben ein dunkel gefärbtes Vorderteil, der Rest des Körpers ist hingegen hell. An der Unterseite sind fast alle Würmer heller gefärbt.

Sinnesorgane

Trotz fehlender Augen reagieren Würmer auf Licht, da ihnen Sonnenstrahlen schaden. Das Licht nehmen sie mit Lichtsinneszellen wahr, die über den ganzen Körper verteilt sind, sich jedoch im Kopfbereich häufen.
Berührungen der Haut und Borsten nehmen Würmer mit Tastzellen

wahr. Mit denselben Sinneszellen erspüren sie Erschütterungen und können somit vor herannahenden Fressfeinden flüchten. Da der Wurm auf feinste Erschütterungen reagiert, sollte Ihre Wurmkiste keinen starken Vibrationen ausgesetzt werden.
Geschmack und Geruch erkennt der Wurm mithilfe chemischer Sinneszellen. Diese Zellen reagieren zudem auf Säure. Auf diese Weise erfühlen die Würmer den Säuregehalt des Substrates. Sie fühlen sich vor allem in neutralem oder basenreichen Boden mit einem pH-Wert von 5 bis 7 wohl. Zu viel Säure kann die Regenwurmhaut verätzen.

Fortpflanzung

Würmer sind zweigeschlechtig, benötigen zur Paarung jedoch einen Partner. Eine Selbstbefruchtung findet nur in seltenen Fällen statt. Zur Paarung legen sich zwei geschlechtsreife Würmer in entgegengesetzter Richtung eng nebeneinander. Die Befruchtung der Eizellen mit den Spermien ist ein sehr spannendes Unterfangen: Zunächst bildet das Clitellum beider Würmer einen festen Schleim. Nach einiger Zeit härtet der Schleim aus und bildet so eine pergamentartige Hülle um das Clitellum, den Kokon. Hier hinein sondern die Würmer eine nahrhafte Eiweißflüssigkeit ab. Mittels Muskelbewegungen wird der pergamentartige Ring in Kopfrichtung befördert. Dabei werden die zumeist aus dem 15. Segment austretenden Eier aufgenommen. Sie sind noch unbefruchtet. Durch weitere Muskelbewegungen gleitet der Ring über die Samentaschen im 9. oder 10. Segment, wobei austretende Spermien aufgenommen werden. Es kommt zu einer Befruchtung innerhalb der Schleimhülle. Die Paarung dauert etwa eine Stunde.

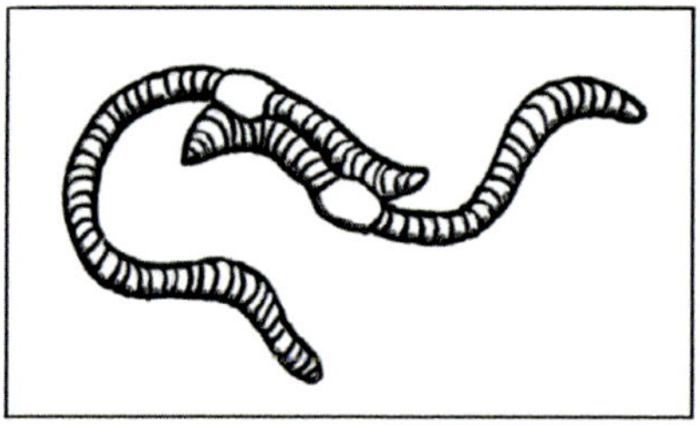

Die Ablage des Kokons

Nun zieht sich der Wurm gänzlich aus dem Schleimring heraus. Diesen Vorgang können Sie mit etwas Glück sogar selbst beobachten. Er findet generell 48 Stunden nach der Paarung statt. Der Wurm wirkt dabei etwa so, als würde er von einem weißen Ring eingeschnürt werden. Der Wurmkörper zwängt sich regelrecht aus dem Ring heraus, weshalb der Körper an der Stelle, an welcher der Ring aufsitzt, ganz schmal zusammengepresst wird. Sobald der Ring abgelegt wurde, verschließen sich seine beiden offenen Enden sofort. Vor dem Wurm liegt nun ein kleiner, zitronenförmiger Kokon. Direkt nach der Eiablage ist er schneeweiß. Nach kurzer Zeit verhärtet er jedoch und nimmt mit zunehmendem Alter einen dunkelgelben Farbton an.

Oft sind auch leere Kokons in der Wurmfarm zu finden. Diese durchsichtigen braunen Kokons sind ein gutes Zeichen, denn sie sind ein Hinweis auf gelungene Vermehrung!

Die Entwicklung im Kokon

Der gelbliche Kokon ist etwas kleiner als ein Reiskorn und hat die Form einer Zitrone. In ihm befinden sich – je nach Art – zwei bis acht befruchtete Eier, aus denen die Würmer zunächst als Larven schlüpfen. Sie ernähren sich von der im Kokon enthaltenen eiweißreichen Flüssigkeit. Erst später nimmt die Larve die Form und Körperorganisation eines Regenwurmes an. Während dieser Entwicklung färbt sich der Kokon allmählich hellbraun. Nach circa 16 Tagen sind die Würmchen reif zum Schlüpfen. Im Durchschnitt entwickeln sich drei Würmchen aus einem Kokon. Mit bloßem Auge kann der zukünftige Wurm als roter Faden wahrgenommen werden.

Vom Kokon zum Wurm

Bis aus einem frisch gelegten Kokon ein geschlechtsreifer Wurm geworden ist, vergehen 45–51 Tage.

Anfangs wirken die kleinen Würmer regelrecht durchscheinend, daher werden sie in der Wurmkiste oft mit den weißen Enchyträen verwechselt. Unter Laborbedingungen produziert ein Kompostwurm (*Eisenia fetida*) innerhalb eines Jahres bis zu 100 Kokons mit durchschnittlich 3 Eiern. Es ist jedoch kein unkontrolliertes Überhandnehmen der Würmer zu befürchten. Viele sterben, bevor sie die Geschlechtsreife erreicht haben. Insgesamt werden immer nur so viele Würmer überleben, wie gebraucht werden. Die Population stellt sich somit auf das vorherrschende Nahrungsangebot ein.

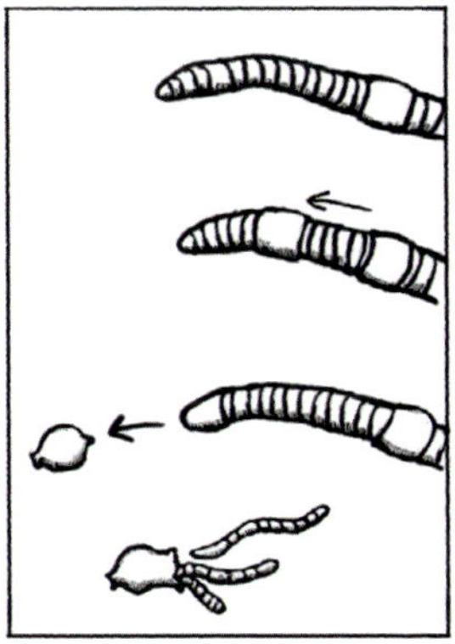

Verdauung

Da der Wurm keine Zähne hat, ist er auf eine ganze Horde von Kleinstlebewesen angewiesen, welche die Nahrung für ihn zerkleinern. Diese vorverdaute Suppe, vermischt mit Mikroorganismen und Erde, „schlürft" der Wurm in sich hinein. Spezielle Kalkdrüsen führen der Mischung Kalk zu, um den leicht säuerlichen Nahrungsbrei zu neutralisieren.

Im Darm wird die Nahrung dann mithilfe von Enzymen und harten Bestandteilen zerkleinert und für den Wurm aufgeschlossen. Die harten Bestandteile der Erde fungieren hier wie Mühlsteine. Deshalb ist es für eine optimale Wurmkiste wichtig, immer wieder Feinkies in Form von etwas Sand oder Mineral-Mix zuzuführen. Gemüsereste

müssen auch nicht sauber sein, wenn Sie diese in die Wurmkiste geben. Es darf Erde dran sein.
Der Regenwurm verdaut immer nur einen kleinen Teil seiner Nahrung. Die dabei entstehenden Stoffwechselprodukte verkitten den unverdauten Rest organischer Stoffe fest mit den Bodenteilchen. Diese scheidet der Wurm über den Enddarm in Form von Häufchen wieder aus.
So entstehen die sogenannten Ton-Humus-Komplexe, die eine Lebensgrundlage für viele Mikroorganismen darstellen.

Winter- und Sommerpause

Würmer sind kaltblütige Tiere. Sie haben keine eigene Körpertemperatur, sondern nehmen die Temperatur der Umgebung an. Bei ungünstigen Umwelteinflüssen verkriechen sie sich in tiefere Erdschichten. Wenn die Bedingungen zu extrem werden, wie Hitze und Trockenheit im Sommer oder Frost im Winter, legt der Wurm ein Ruhestadium (Diapause) in einer tieferen Bodenschicht ein. Sobald die Umweltbedingungen wieder günstiger sind, nimmt er seine Aktivität wieder auf. Eine Strategie der Kompostwürmer ist es, sich mit anderen Würmern eng aneinander zu schmiegen, um Feuchtigkeitsverluste zu minimieren. So entstehen richtige Wurmknäuel. Wenn Sie Ihre Wurmkiste in der Wohnung halten, kommen solche Diapausen aber nicht vor.

Verletzung

Bei Gefahr, zum Beispiel durch Fressfeinde, kann der Regenwurm einen Teil seines Hinterkörpers abschnüren. Er nutzt diesen Weg, um sich von inneren Parasiten zu befreien. Er schiebt sie in die Schwanzspitze und sammelt sie dort. Nach einiger Zeit stößt er die letzten Segmente einfach ab. Da sich in den letzten Segmenten keine lebenswichtigen Organe befinden, kann er die fehlenden Segmente neu bilden. Diese sind dann allerdings zu Beginn noch sehr klein und wachsen erst allmählich zur richtigen Größe heran.

Feinde und Gefährdung

Regenwürmer haben viele Fressfeinde: Mäuse, Vögel, Reptilien, Amphibien, Laufkäfer, Schnecken und Hundertfüßer haben sie auf ihrer Speisekarte. Aber auch Igel, Fuchs, Dachs und Wildschwein machen vor diesem proteinreichen Leckerbissen nicht Halt.

Die meisten Regenwürmer fängt wohl der Maulwurf, der sogar in der Lage ist, einen Vorrat an Regenwürmern anzulegen. Er beißt die Tiere so in den Kopf, dass diese gelähmt sind. So kann er ein knappes Kilogramm Würmer bevorraten.

In der Wurmkiste werden Kompostwürmer etwa zwei bis drei Jahre alt. In Ihrer Wurmkiste werden Sie aber nur selten einen toten Wurm sehen, da diese sehr schnell von den Kleinstlebewesen zersetzt werden.
Eine Gefahr für die Regenwürmer im Freien entsteht durch das Betonieren von Flächen und die Nutzung von schweren Maschinen in der Landwirtschaft. Der dadurch verdichtete Boden ist sehr unwirtlich für alle Regenwürmer, sodass diese abwandern oder eingehen.
Auch mineralischer Dünger wirkt sich ungünstig auf die Gesundheit der Regenwürmer aus. Leider schadet ihnen auch Kupfer, welches im Bio-Anbau oft gegen Pilzkrankheiten eingesetzt wird. Weiterhin geht durch Waldrodung und Erosion eine große Menge Boden verloren, was den Lebensraum der Regenwürmer zusätzlich einschränkt. Den Schaden tragen nicht nur die Würmer, sondern auch wir, da unsere Böden an Fruchtbarkeit verlieren und die Artenvielfalt leidet.

Regenwurmfreundliches Gärtnern

Wenn Sie durch diese Gedanken angeregt werden, Ihren Garten regenwurmfreundlich zu bearbeiten, gilt vor allem eines: Vermeiden Sie es, Ihren Boden mit dem Spaten umzugraben. Dabei zerstören Sie viele Regenwurmgänge und Tierbauten, über die der Boden zuvor mit Wasser und Sauerstoff versorgt wurde. Zudem werden lichtscheue Bodenlebewesen nach oben befördert und umgekehrt. Das empfindliche Bodenleben wird so völlig durcheinander gebracht. Bis sich die alte Ordnung wieder einstellt, vergeht einige Zeit, was die optimale Entwicklung Ihrer Pflanzen beeinträchtigt.
Weiterhin besteht die Gefahr, dass Sie durch das Umgraben viele Regenwürmer verletzen oder töten. Nutzen Sie eher die Grabegabel und den Sauzahn, um den Boden zu lockern. Sollten Sie Regenwürmer nach oben befördern, so bedecken Sie diese mit Erde. Ihre Haut ist nämlich gegenüber der UV-Srahlung sehr empfindlich. Auf diese Weise werden sie auch vor den Schnäbeln hungriger Vögel geschützt. Sie graben sich dann von allein wieder in die Tiefe.
Auch gemulchte Beete oder eine Mulchschicht unter Hecken gefallen den Würmern sehr. Sie finden dort einen reichlich gedeckten Tisch. Unter einer Mulchschicht bleibt der Boden außerdem länger feucht und sie sind vor oberirdischen Fressfeinden besser geschützt. Natürlich sollten Sie auch auf den Einsatz von Chemikalien verzichten. Unter diesen Bedingungen siedeln sich die Regenwürmer bestimmt gerne in Ihrem Garten an.

So funktioniert die Wurmkiste

Wurmkisten – oft auch Wurmfarmen genannt – gibt es schon sehr lange. Bereits im alten Rom wurden Kompostwürmer eingesetzt, um organische Abfälle schneller zu zersetzen. In Australien ist die Bedeutung der Wurmkiste so weit gestiegen, dass dort sogar Wurmfarmen verschenkt werden, damit die Bürger ihre organischen Abfälle in Wasser speichernde Erde verwandeln. Warum also ist die Wurmkiste hierzulande noch relativ unbekannt? Dies liegt wahrscheinlich vor allem an den Nachteilen der herkömmlichen Wurmkisten sowie der geringen Bedeutung, welche wir Müll beimessen.
Bei den Wurmkisten gibt es zwei verschiedene Grundtypen.

Wurmkisten aus Holz

Grundsätzlich ist bei Wurmkisten zwischen Modellen mit einer oder mehreren Arbeitskammern zu unterscheiden. Traditionell wurden Wurmkisten aus Holz mit einer Kammer gebaut. Diese Modelle haben nur einen Arbeitsraum, in dem die Würmer leben und gefüttert werden. Dies wirkt auf den ersten Blick sehr einfach, hat aber einige Nachteile.
Während des Kompostierprozesses entsteht viel Sickerwasser. Dieses Sickerwasser muss bei Holzkisten durch die Außenwände verdampfen können. Wenn sich das Wasser in der Kiste staut, fühlen sich die Würmer schnell unwohl. Gleichzeitig entsteht Sauerstoffmangel, sodass ein solches System schnell kippt und zu stinken beginnt.
Außerdem ist die Entnahme des Wurmhumus aus nur einer Arbeitskammer schwierig. Erfahrene Nutzer beginnen früh nur auf einer Seite der Kiste zu füttern, um den Großteil der Würmer auf diese Seite zu locken. Nach 2–3 Wochen kann dann der wurmfreie Wurmhumus auf der gegenüberliegenden Seite entnommen werden.

Verdunstung muss sein

Um Wasserdurchlässigkeit zu gewährleisten, soll das Holz der Kiste unbehandelt sein, nicht lackiert oder druckimprägniert. Am besten funktioniert die Kiste daher, wenn sie im Innenbereich steht. Steht sie im Freien, sollte sie vor Regen geschützt werden. Sonst verrottet das Holz schnell.

Eine Holzkiste nimmt zudem viel Platz ein. Da nur eine Arbeitskammer benutzt wird, muss diese relativ groß sein, um eine entsprechende Menge an Bioabfall zu verarbeiten. Dadurch werden die Kisten oftmals recht hoch gebaut, was Probleme mit sich bringt. Kompostwürmer leben hauptsächlich in den oberen 20 cm. Darunter wird das Substrat durch immer neu dazu kommende Abfälle mit der Zeit zu sehr verdichtet. So kommt es dann schnell zu anaeroben Bereichen und unangenehmem Geruch.

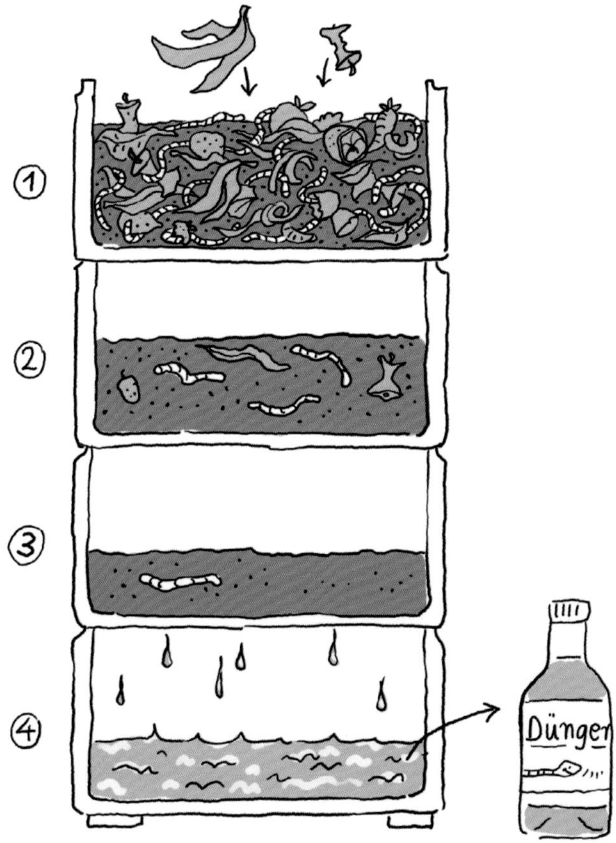

Eine Wurmkiste mit drei Arbeitsetagen und einem Auffangbecken eignet sich für eine 3-4-köpfige Familie.

Wurmkisten aus Plastik

Moderne Wurmfarmen sind mehrschichtig konzipiert. Sie bestehen aus verschiedenen übereinander gesetzten Ebenen. In der untersten Etage wird das Sickerwasser gesammelt. Oftmals befindet sich dort noch ein Wasserhahn, an dem der sogenannte Wurmtee (das Sickerwasser) abgelassen werden kann. In diesem Auffangbecken sind in einigen Wurmfarm-Modellen Erhöhungen aus Plastik angebracht, sodass die Würmer, die sich dorthin verirren, in die darüberliegenden Ebenen zurückfinden.
Die darüberliegenden Etagen werden Arbeitsschichten genannt. In diesen wandeln Würmer Abfälle in Wurmhumus um. Diese Schichten sind identisch und können ineinander gesteckt werden. So kann immer die oberste Arbeitsschicht mit neuen Abfällen bestückt werden. Wenn diese etwa ¾ voll ist, sollte der Wurmhumus in der untersten Schicht reif zur Ernte sein.
Geerntet wird immer aus der untersten Arbeitsetage. Wenn diese entleert wurde, kommt die Arbeitsetage wieder oben drauf. Sie kann nun erneut mit Abfällen befüllt werden. Durch die geringe Höhe der einzelnen Schichten verdichtet sich der Wurmhumus kaum. Jede einzelne Etage ist relativ leicht. Dadurch wird die Humusernte deutlich vereinfacht. Die Spalten zwischen den Etagen lassen viel Sauerstoff eintreten. Dies ist für einen guten Kompostierprozess notwendig. Mehrschichtige Kisten werden meist aus stabilem PP (Polypropylen) hergestellt, welches sehr langlebig ist.

1. Erste Arbeitsetage: Hier werden die Bioabfälle eingefüllt.

2. Zweite Arbeitsetage: In dieser Etage haben die Würmer schon eine große Menge Bioabfälle gefressen und in Kompost umgewandelt. Es bleibt aber immer noch genügend Futter, da noch nicht alle Abfälle zersetzt sind.

3. Dritte Arbeitsetage: Der Kompost ist nach 3–9 Monaten fertig und besteht dann nur noch aus Wurmexkrementen. Die Würmer wandern auf der Suche nach neuen Futterquellen nach oben, sodass der fertige Kompost nur noch wenige Würmer enthält.

4. Auffangbecken: Bioabfälle bestehen zu einem großen Prozentsatz aus Wasser. Dieses setzt sich in der untersten Kiste ab. Es hat sich auf seinem Weg mit Mineralien angereichert und kann als hochwertiger Flüssigdünger verwendet werden.

Verschiedene Wurmfarm-Modelle

Bei den mehrschichtigen Systemen kann das Sickerwasser immer mithilfe eines Wasserhahns abgelassen werden.

Wurm Café

Das Wurm Café wird aus recyceltem Plastik hergestellt. Oftmals steht nur wenig Platz für eine Wurmfarm zur Verfügung. Die rechteckige Form nutzt diesen Platz optimal aus. Die Beine dieses Modells sind sehr stabil. Der Deckel kann während des Fütterns eingehakt werden, sodass er den Boden nicht verschmutzt. Seitlich angebrachte Luftlöcher optimieren die Kompostierung. Die Abwasserschicht ist relativ hoch und kann dadurch viel Flüssigdünger auffangen. Mit einem Abwasserhahn lässt sich der Wurmtee leicht ablassen. Das Modell ist für einen Haushalt mit drei bis vier Personen geeignet.

Lombrico Wurmfarm

Die runde Lombrico Wurmfarm mit drei Arbeitsschichten ist dank Rollen gut beweglich und bietet alle Vorteile eines mehrschichtigen Systems. Das Ernten von Erde und Wurmtee ist sehr leicht. Dank Wurmrettungsinsel können verlorene Würmer selbstständig wieder nach oben finden.

Worm Works

Einfach riesig die Kleinen

Je größer die Wurmkiste bzw. je mehr Arbeitsetagen, desto mehr Bioabfall kann verwertet werden.

Die mehrschichtige Worm Works-Wurmkiste ist mit einem Arbeitsvolumen von 76 Litern die kleinste Plastik-Wurmfarm auf dem Markt. Ihre quadratische Form ähnelt dem Wurm Café im Design, nur das Plastik ist etwas dünner. Die Abwasserschicht ist kleiner und nicht so gut konzipiert, sodass häufigeres Entleeren notwendig ist. Der schiefe Deckel verhindert ein übermäßiges Eintreten von Wasser, wenn die Wurmfarm im Regen steht. Sie ist für einen kleineren Haushalt mit ein bis zwei Personen geeignet.

Wurm Truhe

Die Wurm Truhe wird in zwei Größen (60 und 80 Liter) aus FSC zertifiziertem Holz hergestellt. Sie hat einen Arbeitsraum, in dem die Kompostwürmer arbeiten. Damit die schwere Truhe mobil bleibt, kann sie mit zusätzlichen Rollen versehen werden.
Eine Besonderheit der Wurm Truhe: Zur leichteren Entnahme des Wurmhumus kann eine einzelne Ebene des Wurm Cafés eingesetzt werden.

Wurm Cafe

Worm Works

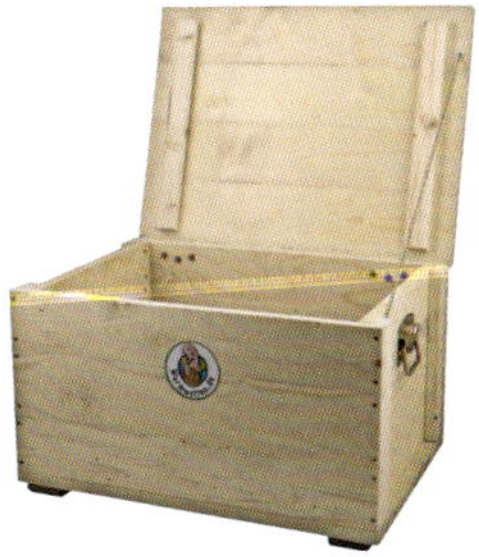

Wurm Truhe

Durchflusskomposter

Für größere Mengen an Bioabfällen (etwa in der Gastronomie) gibt es verschiedene Modelle von Durchflusskompostern mit Kompostwürmern. Ein bekanntes Beispiel ist der OSCR Wurmkomposter der Oregon Soil Corporation. Diese Modelle haben ein Sieb im unteren Bereich, durch das der fertige Wurmhumus mit mechanischen Mitteln geerntet wird. Da diese Wurmfarmen das ganze Jahr über in Betrieb sind, werden sie oft mit Heizelementen bei einer idealen Temperatur gehalten. So können diese Wurmfarmen durchgehend bis zu 10 Kilo Abfall pro Tag verarbeiten.

Wurmkisten

selber bauen und richtig aufstellen

An dieser Stelle präsentieren wir Ihnen zwei Anleitungen zum Selbstbauen. Hierfür können Sie Abfälle und Restmaterialien upcyceln. Je nach Bedarf ist es möglich, die Wurmkiste besonders klein oder groß zu bauen. Eine Styropor-Wurmkiste zu bauen, ist sehr einfach und kostet fast gar nichts. Für eine Wurmkiste aus Holz braucht es mehr Material und Werkzeug. Es bedarf ebenso etwas mehr handwerklichen Geschicks.

Hinweise zu den Polystyrolkisten

Als Grundmaterial für die Wurmkiste dienen vier Polystyrolkisten, die Sie zum Beispiel beim Fischhändler oder beim Fleischer, auf dem Markt, in Restaurants, großen Supermärkten, Schnellimbissen und Asiashops finden. Selbst bei kleineren Gemüsehändlern fallen hin und wieder solche Kisten an. Fragen Sie einfach nach, die Kisten werden Ihnen sicherlich gerne kostenlos zur Verfügung gestellt.
Manchmal kann es schwierig werden, diese Kisten zu beschaffen. Gehen Sie in diesem Fall morgens oder abends in Straßen mit vielen Geschäften spazieren und betrachten Sie die Abfälle der Geschäfte. Die Polystyrolkisten stapeln sich dann manchmal vor den Geschäften, um von der städtischen Müllabfuhr eingesammelt zu werden. Sollten wider Erwarten keine Polystyrolkisten aufzutreiben sein, können Sie Kisten aus Hartplastik vom Baumarkt erwerben (hierzu mehr auf Seite 35, Variante aus Hartplastik).
Polystyrol wird als unbedenklich für das Aufbewahren von Nahrungsmitteln eingestuft, weshalb nach jetzigem Kenntnisstand der Wissenschaft auch beim Kompostiervorgang keine schädlichen Stoffe auftreten.
Dieses Baumaterial ist jedoch nur bedingt haltbar. Unter Sonneneinstrahlung werden die Kisten spröde und mitunter bilden sich Spannungsrisse. Daher ist diese Wurmkiste nicht für den Einsatz im Freien gedacht. Solange die Wurmkiste aber in der Wohnung eingesetzt wird, funktioniert sie sicher einige Jahre lang. Vermeiden Sie jedoch die Wurmkiste häufig umzustellen oder hin und her zu transportieren, da dabei das Material leidet. Kräftige Stöße von außen sorgen ebenfalls dafür, dass die Kisten schnell kaputt gehen.
Am besten ist es, Sie haben vier gleich große Kisten, wenn möglich sogar mit Deckel. Zwar brauchen Sie für die gesamte Wurmkiste nur einen Deckel, es ist jedoch ratsam, die Deckel genau zu überprüfen und den am besten erhaltenen zu verwenden.

Bauanleitung Wurmkiste aus Polystyrol

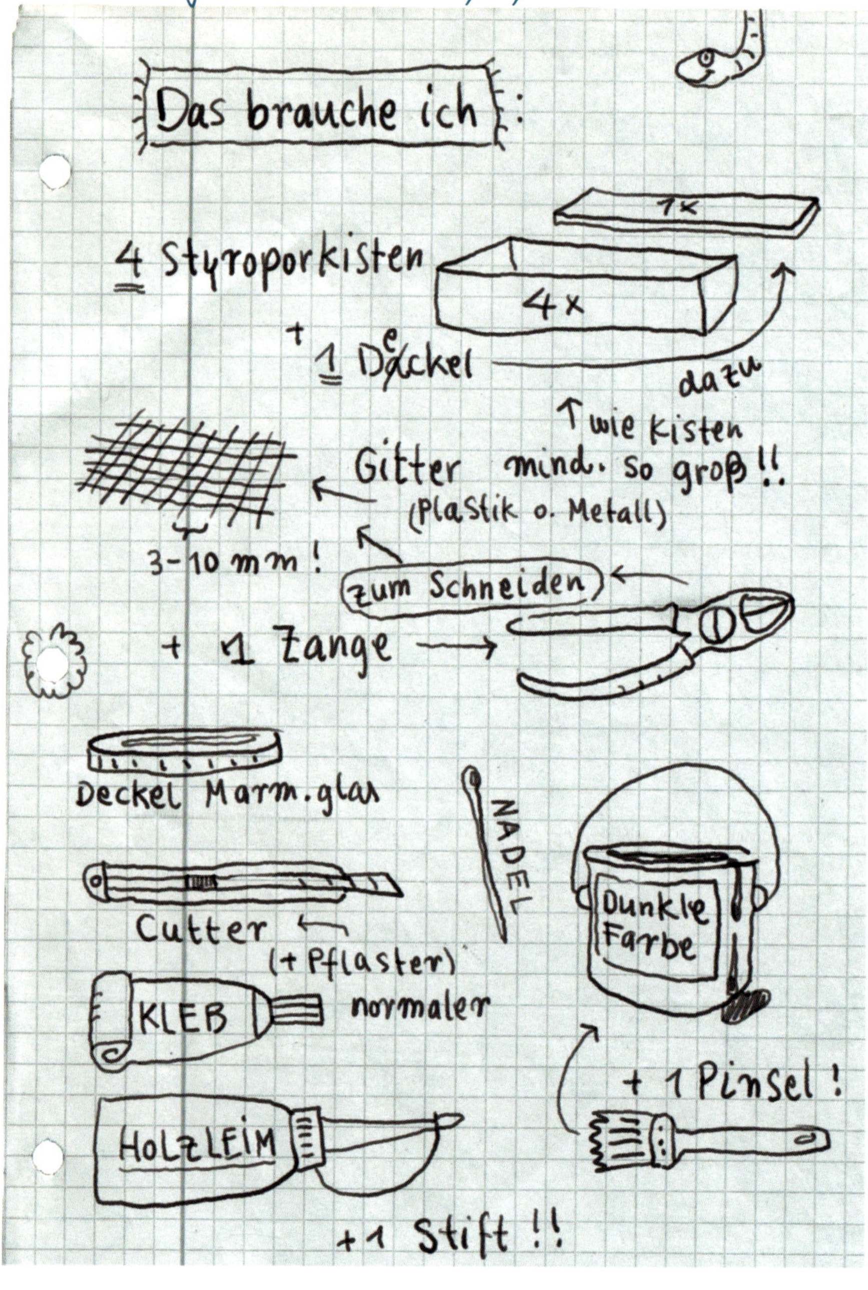

So gehen Sie vor

1. Stellen Sie zu Beginn eine Kiste beiseite. Sie wird im Ganzen belassen und dient später zum Auffangen des Flüssigdüngers. Tragen Sie mithilfe einer Konservendose oder mit dem Deckel eines Marmeladenglases auf dem Boden der übrigen Polystyrolkisten Kreise auf. Dabei sollten Sie zwischen den einzelnen Kreisen etwa 2 cm Platz belassen.

2. Schneiden Sie anschließend die Kreise mit dem Cutter aus und bewahren Sie die ausgeschnittenen Kreise auf.

3. Falls die Polystyrolkisten an den Seiten Löcher haben, werden diese nun verschlossen. Schneiden Sie dafür aus den Kreisabfällen passende Stücke zurecht und stopfen Sie damit die Löcher zu. Gut geht das, wenn Sie sich zuvor aus Karton ein Musterstück zurechtschneiden, dessen Größe dann nur noch auf das Polystyrol übertragen werden muss.

4. Schneiden Sie drei Gitter in Größe der Kisten zurecht und legen Sie sie auf die Böden der Polystyrolkisten.

5. Die Gitter sollten leicht hineingleiten und nicht gewölbt sein.

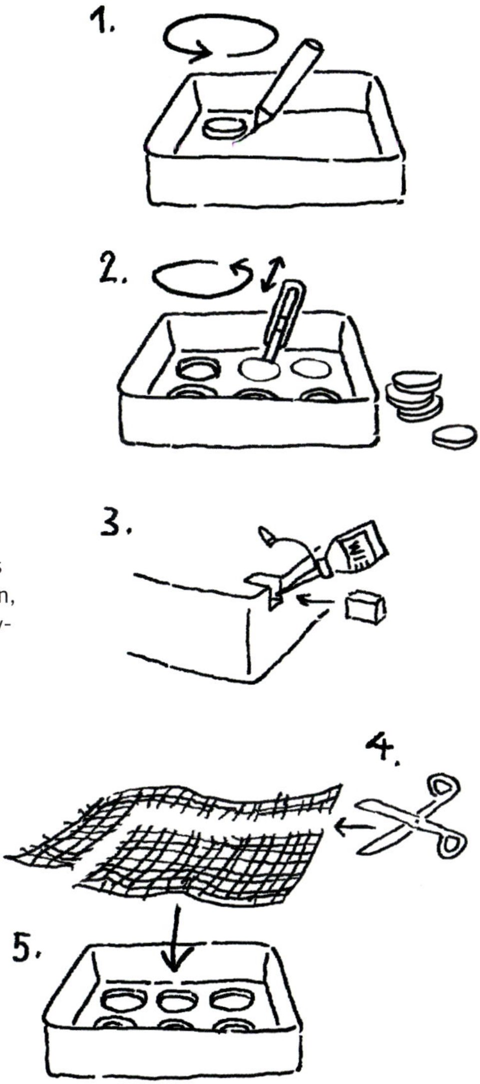

6. Kleben Sie unter die in Schritt 1 beiseite gelegte Kiste vier der ausgeschnittenen Kreise. So steht die Wurmkiste etwas erhöht und wird besser belüftet.

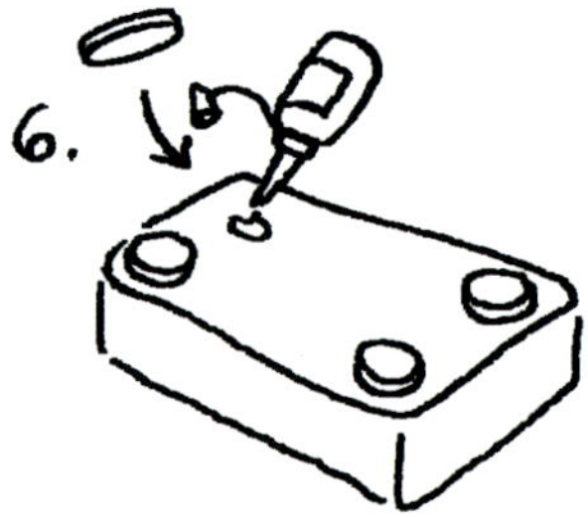

7. Streichen Sie die Außenseiten der Kisten sowie den Deckel schwarz an – bei Bedarf auch in mehreren Schichten, damit sie lichtundurchlässig werden. Kompostwürmer sind nämlich sehr lichtscheu.

8. Wichtig ist auch, den Deckel mehrmals mit einer Nadel zu durchstechen. Dies trägt zur Erneuerung des Sauerstoffs in den Kisten bei. Die Löcher sollten so klein sein, dass keine Fruchtfliegen eindringen können.

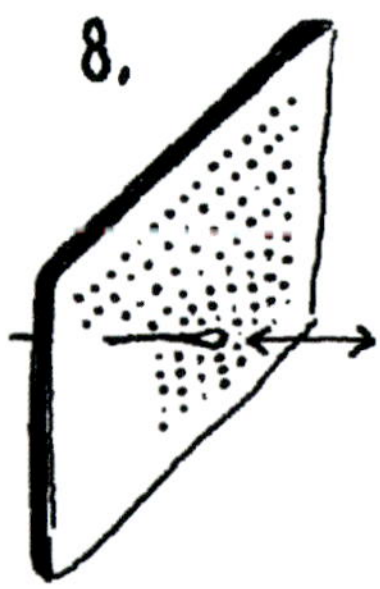

Variante – ohne Gittereinlage

Statt ein Gitter zu verwenden, können Sie auch ganz viele Löcher in Ihre Arbeitsetagen (natürlich nicht in Ihr Auffangbecken!) bohren. Stechen Sie dazu in Abständen von 3 cm mit einem Schraubenzieher in den Boden. Jedes Loch sollte etwa 10 mm groß sein, um nicht gleich zu verstopfen.

Variante – Auffangbecken mit Abflusshahn

Die auf der linken Seite vorgestellte Version ohne Abflusshahn funktioniert sehr gut. Allerdings ist es bequemer, wenn man den Flüssigdünger dank eines „Wasserhahnes“ ganz leicht ablassen kann (siehe Seite 34). Dann muss keine Kiste mehr gehoben und wie auf Seite 56 beschrieben geleert werden, was besonders wenn Sie viele Abfälle kompostieren, schnell ins Gewicht fallen kann. Zudem bleibt die Wohnung sauberer. Um auch hier die Kosten so niedrig wie möglich zu halten und der Recycling-Idee treu zu bleiben, verwenden wir Abfallmaterial:

1.

1. Sie brauchen nur eine alte Plastikflasche mit gut schließendem Verschluss, wie zum Beispiel eine 0,5 l-Wasserflasche oder Ähnliches. Die Flasche muss einen langen Hals mit gleich bleibendem Durchmesser aufweisen. Schneiden Sie etwa die oberen 7 cm der Flasche ab. Bewahren Sie diesen Teil mit Deckel auf. Der Rest darf entsorgt werden oder wird zum Auffangkrug umfunktioniert.

2.

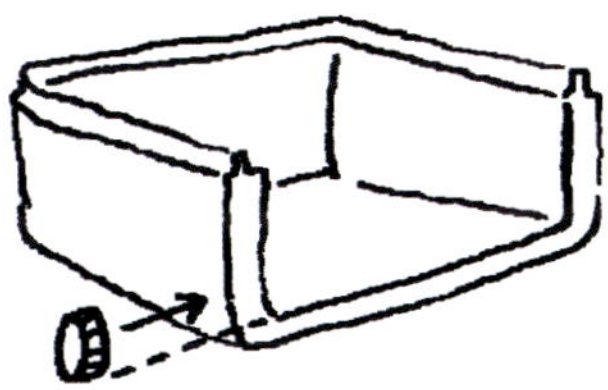

2. Im nächsten Schritt legen Sie das untere Auffangbecken vor sich hin und drücken den Deckel der Flasche von außen in die Mitte der kürzeren Seite der Polystyrolkiste, sodass sich eine kreisrunde Markierung abzeichnet. Diese Markierung soll sich direkt über dem inneren Boden der Kiste befinden. Das ermöglicht später ein leichtes Abfließen der Flüssigkeit.

3.

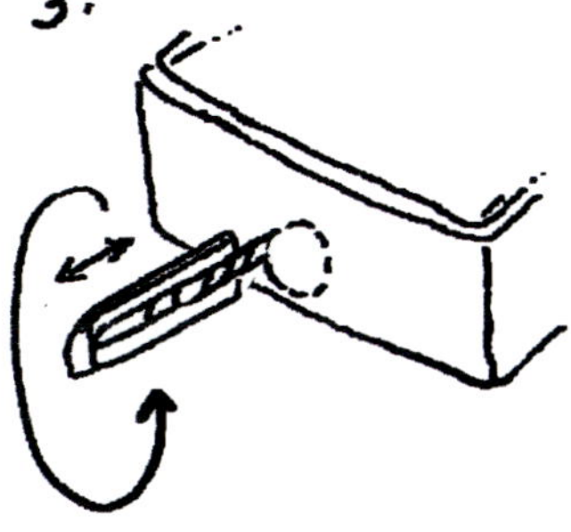

3. Nun wird der Kreis mit einem Cuttermesser ausgeschnitten.

4. Schmieren Sie etwas Silikon oder Kleber in die Öffnung.

4.

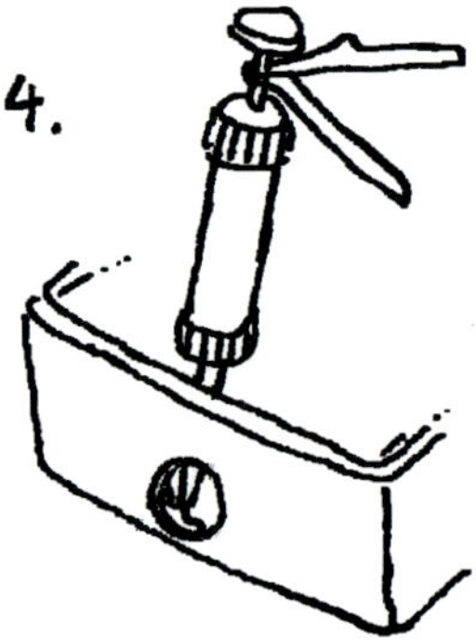

5. Stecken Sie den Flaschenkopf in die Öffnung und drücken Sie ihn fest an, sodass das Ganze wasserundurchlässig wird.

5.

6. Kleben Sie nun auf dem Boden der Polystyrolkiste die Füßchen an: Ein Paar an der Vorderseite, wo sich auch der Abflusshahn befindet, und ein doppeltes Paar an der Hinterseite, sodass die Kiste nach vorne geneigt steht.

6.

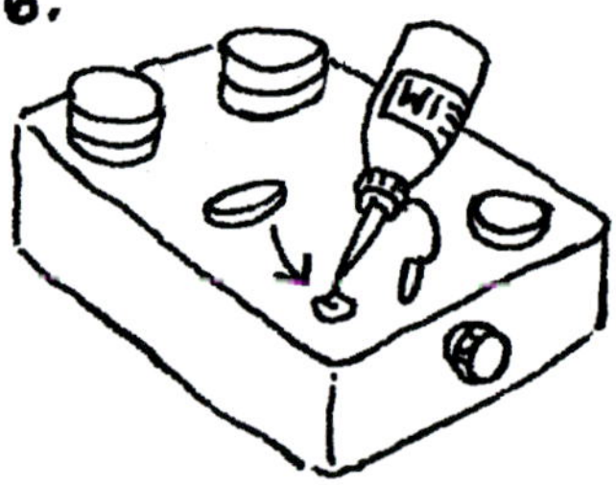

7. Nun ist das Auffangbecken fast fertig. Es muss nur noch die Höhe der Kiste angeglichen werden, damit die Arbeitsetagen auf ihr aufgestockt werden können, ohne dass diese die Schräge hinunterrutschen. Verwenden Sie dafür entweder eine Wasserwaage, ein Lineal oder ein Stück Karton, mit denen Sie vom Boden aus eine gleichbleibende Höhe aufzeichnen und schließlich mit dem Cuttermesser den Überstand abschneiden. Nun ist die Kiste von außen gleich hoch und die Arbeitsetagen können auf ihr waagerecht abgestellt werden. Im Inneren jedoch bleibt eine Schräge, durch welche der Flüssigdünger zum Abflusshahn befördert wird.

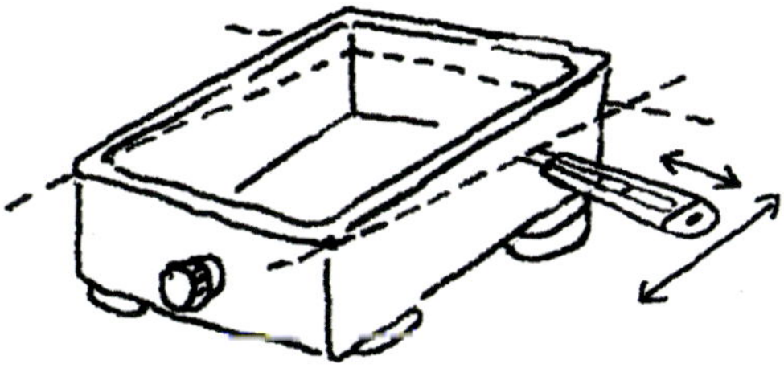

Halten Sie den Abflusshahn verschlossen und lassen Sie den Flüssigdünger in regelmäßigen Abständen in einen Behälter abfließen (zum Beispiel in den unteren Teil der abgeschnittenen Plastikflasche oder direkt in die Gießkanne). Wenn Sie es aber irgendwie ermöglichen können, den Wasserhahn beständig offen zu halten, sodass die Flüssigkeit kontinuierlich in einen Behälter tropft, so ist dies natürlich zu bevorzugen. Würmer mögen nämlich überhaupt keine Staunässe. Einfach geht dies zum Beispiel, wenn die Wurmkiste auf einer kleinen Erhöhung steht, unter die ein Gefäß gestellt wird. Diese Konstruktion funktioniert dann in ähnlicher Weise wie die im Handel befindlichen Modelle.

Variante aus Hartplastik

Das Konzept der Styroporkisten lässt sich auch auf Kunststoffkisten übertragen. Kaufen Sie im Baumarkt Kisten aus Hartplastik. Diese müssen so geformt sein, dass sie stabil aufeinandergestellt werden können. Die Kisten dürfen daher auch nicht konisch geformt sein und das Unterteil der einen Kiste muss sich mit dem Oberteil der anderen Kiste verkeilen. Zwischen Ober- und Unterteil der Kisten dürfen keine Lücken entstehen. Sie brauchen zudem einen Deckel.
Nun bohren Sie mit der Bohrmaschine mehrere Löcher in die Kisten. Eine Kiste bleibt ohne Löcher. Sie wird das Auffangbecken. Glätten Sie die Bohrungen noch ein wenig mit Sandpapier und entfernen Sie die Plastikreste.
Als Wasserhahn für das Auffangbecken können Sie einen kleinen Auslaufhahn vom Baumarkt verwenden und diesen bodennah beim Auffangbecken einsetzen.

Bauanleitung Wurmkiste aus Holz

Am besten eignen sich Rauhspundbretter aus unbehandeltem Holz mit Nut und Feder. Das Holz sollte möglichst harzarm sein (beispielsweise Fichte) und ohne Astlöcher. Mindestens 1,5 cm sollten die Bretter dick sein, besser sind 2,0 cm. In unserem Beispiel verwenden wir Bretter mit einer Dicke von 2,0 cm und einer Deckbreite (Breite ohne Feder und Nut) von 11 cm. Alle Löcher für die Schrauben sollten vorgebohrt werden, um ein Splittern des Holzes zu vermeiden. Ziehen Sie die Schrauben nicht allzu fest. An den meisten Stellen wird das Holz später stark aufquellen.

Das muss ich besorgen

Holzwurm

Huhu!

	Länge	Maß	Anzahl	Verwendung
A	64 cm	11 cm	14x	Boden + Deckel Rück- und Vorde[…] wand
B	42 cm	11 cm	6x	Seitenwände
C	33 cm	4 cm / 2 cm	4x	für die Seiten
D	38 cm	4 cm / 2 cm	4x	für Bode[…] + Deckel
E	42 cm	4 cm / 2 cm	2x	für den Gittereinsatz
F	34 cm	4 cm / 2 cm	2x	für den Gittereinsatz

- Hasendraht
- 55er, 36er – 100x
- Tick! Tacker
- 4mm Holzbo[…] Bohrmaschine
- Akku Schrau[…]
- Rollen 4x
- Winkel
- 2x Griffe
- zwei Scharniere + 1 Kette 1m
- Gummihammer
- Silikon
- Kneifzange
- Sandpapier

So gehen Sie vor

1. Zuerst werden für den Boden 4 lange Leisten (A) seitlich zusammengesteckt, wobei die letzte Leiste keine Feder hat. Darauf werden 2 der längeren Rechteckleisten (D) quer positioniert, sodass sie einen Abstand von 3 cm zu den Seiten haben. Die Querstreben werden mit je einer Schraube pro Leiste fixiert, wobei die Schrauben zuerst durch die Strebe und dann in die Leiste gehen, also von außen hineingebohrt werden.

2. Zur Erstellung des Deckels werden jetzt weitere 4 lange Leisten (A) genauso zusammengesteckt und wieder mit 2 langen Querstreben (D) fixiert. Positionieren Sie aber diesmal die Querstreben so, dass der Abstand nach oben und unten jeweils 3 cm beträgt, zur Seite aber mindestens 5 cm.

3. Um die Seitenwände zu bauen, werden jeweils 3 Leisten (B) so zusammengesteckt, dass oben keine Feder und unten keine Nut ist (also pro Seitenwand jeweils nur eine „komplette" Leiste mit Nut und Feder). Die beiden fertigen Teile ergeben die Seitenwände.

4. Auf diese Seitenwände werden jetzt die Seitenstreben (C) bündig an den Seiten geschraubt.

Einzelne Arbeitsschritte im Detail erkennen Sie auf Seite 38.

5. Um die Vorder- und Rückwand zu bauen, werden von den letzten langen Leisten (A) jeweils 3 so zusammengesteckt, dass sich wie bei den vorherigen Wänden oben und unten keine Nut bzw. Feder befindet. Jetzt werden die Seitenwände bündig an die Vorder- und Rückwand gesetzt und von außen durch die Vorder- bzw. Rückwand Schrauben in die Rechteckleisten der Seitenwände gebohrt. Bei diesen Schritten ist es wichtig, dass alles gut bündig ist, damit die Kiste später dicht ist.

6. Diese Umrandung wird jetzt am Boden festgeschraubt. Legen Sie dazu den Boden so auf die Umrandung, dass die aufgeschraubten Querstreben nach außen zeigen. Diese bilden später die Füße. Bohren Sie jetzt von außen mit den 55er Schrauben durch die Bodenplatte in die Wände. Hier ist es besonders wichtig, pro Leiste mindestens eine Schraube zu setzen, die Löcher für die Schrauben vorzubohren und dann sehr fest zu ziehen. Dies gewährleistet einen dichten Boden.

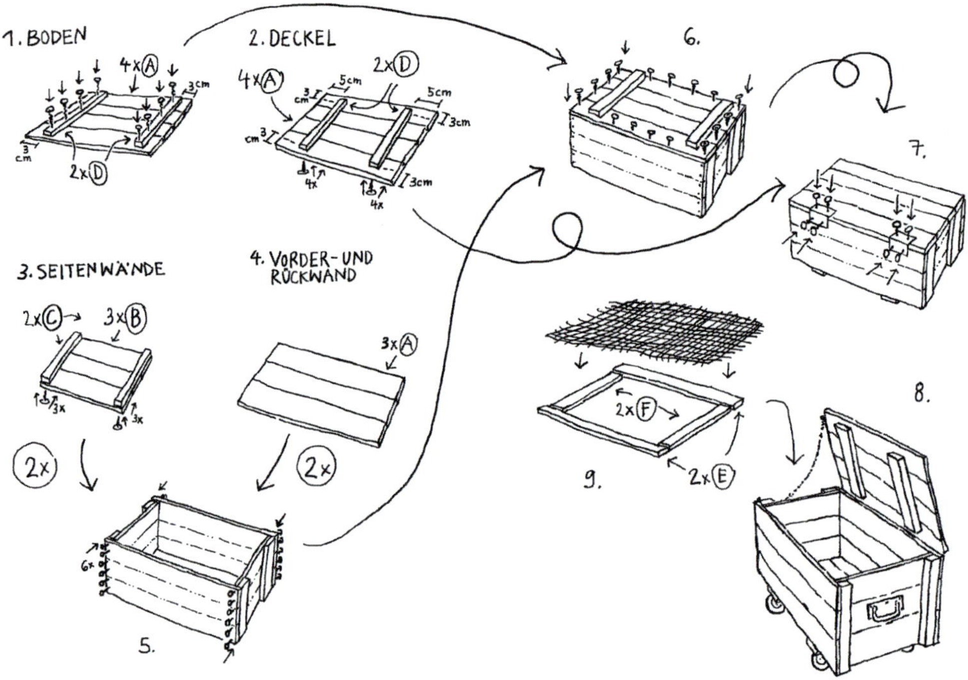

Bau einer Wurmkiste aus Holz.

7. Die entstandene Box benötigt jetzt nur noch einen Deckel, um einsatzbereit zu sein. Dazu wird die Box umgedreht und der Deckel bündig darauf gelegt. Die Scharniere werden von außen an den Deckel und die Rückwand geschraubt.

8. Die fertige Wurmkiste kann noch etwas optimiert werden, indem ein Trenngitter, eine Kette zum Halten des Deckels und Haltegriffe oder Räder angebracht werden. Als Halteband für den aufgeklappten Deckel verwenden Sie am besten eine einfache, dünne Kette. Damit der Deckel nicht nach hinten überklappen kann, muss die Länge der Kette genau passen. Die Schraubösen sollten in der Kiste weit vorne und ganz oben am Deckel befestigt werden. Um die Kiste besser transportieren zu können, ist es möglich an den Seiten stabile Haltegriffe anzubringen oder 4 Rollen mit einer Tragkraft von mindestens 25 kg je Rolle unter dem Boden anzuschrauben.

9. Ein Trenngitter wird eingepasst, indem die Rechteckleisten (E) und (F) zu einem Rechteck verschraubt werden. Da sich die Maße der Kiste durch den Bau geringfügig verziehen können, sollte nun probiert werden, ob dieser Rahmen reibungslos in die Kiste gesteckt werden kann. Eventuell muss sonst mit dem Sandpapier nachgeholfen werden. Sobald der Rahmen passt, wird der Hasendraht mit einem Tacker darauf befestigt. Überstehender Draht wird mit einer Kneifzange entfernt und auch etwas abgeschliffen. Ist der Rahmen fertig, so wird er in die Kiste gesteckt, um sie in zwei Kammern zu unterteilen. Befestigen Sie den Rahmen nicht, dann können Sie später seine Position verändern.
Zu guter Letzt können Sie die Innenfugen der Kisten mit etwas Silikon ausstreichen um ein Austreten von Flüssigkeit in den ersten Wochen zu verhindern. Nach ein paar Tagen in Benutzung wird das Holz allerdings sowieso aufquellen und die Kiste so noch dichter werden.

Wo wird die Kiste aufgestellt?

Um einen Platz für die Wurmkiste zu finden, sollten Ihre Bedürfnisse ebenso berücksichtigt werden wie die der Würmer. Für die Würmer sind die folgenden Punkte entscheidend.

Temperatur

Kompostwürmer fühlen sich bei Außentemperaturen von 15–25 °C am wohlsten. Daher funktioniert eine Wurmkiste dann am besten, wenn sie im Innenbereich bei Raumtemperatur aufgestellt wird. Unter 0 °C und über 30 °C sterben viele Würmer. Falls Sie Ihre Wurmkiste also im Keller oder auf dem Balkon aufstellen wollen, muss es dort frostfrei sein. Wintergärten oder Dachböden heizen sich im Sommer sehr stark auf, weswegen wir diese Orte nicht empfehlen. Aber auch in der Wohnung oder auf dem Balkon muss die Kiste vor direkter Sonneneinstrahlung geschützt sein.

Feuchtigkeit

Da Würmer mit ihrer Haut atmen, benötigen sie eine feuchte Umgebung. Sollte Ihnen das Substrat in der Wurmkiste einmal zu trocken erscheinen, dann können Sie es mit einer Blumenspritze leicht anfeuchten.

Zu viel Feuchtigkeit ist auch schädlich. Das Substrat klebt dann zusammen und ermöglicht keine ausreichende Belüftung, sodass für die Würmer kein Sauerstoff zu Verfügung steht und sie zu fliehen versuchen. Um dies zu vermeiden, sollten Sie mindestens einmal pro Woche den Flüssigdünger ernten. Geben Sie mit Ihren Bioabfällen immer auch etwas trockene Kartonage in die Wurmkiste. Sie saugt überschüssige Flüssigkeit auf.

Die Wurmkiste aus Holz funktioniert am besten in beheizten Wohnräumen. Aufgrund des Feuchtigkeitsgefälles zwischen Kisteninhalt und Außenraum diffundiert das Sickerwasser nach außen und verdampft. Im Außenbereich sollten Sie Ihre Kiste unbedingt regengeschützt aufstellen, damit Ihre Würmer nicht ertrinken und das ungeschützte Holz nicht verrottet.

Die optimale Feuchtigkeit können Sie auch mit der Faustprobe überprüfen: Wenn Sie eine Handvoll Substrat (ohne Würmer) in Ihrer Hand ausdrücken, sollten einige Tropfen Wasser hervorkommen. Generell gilt, dass das Substrat nicht matschig, aber auch nicht krümelig sein darf.

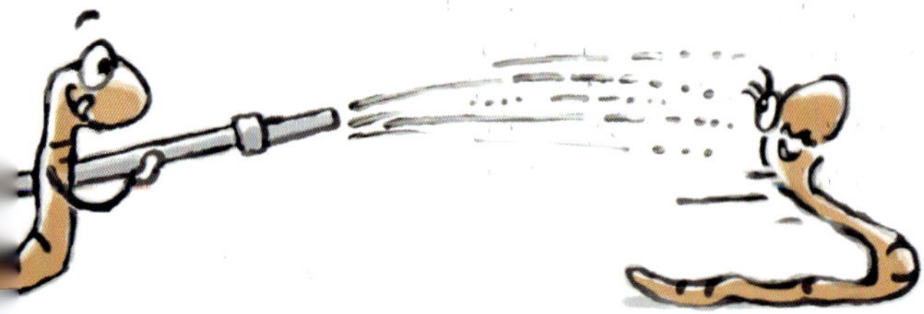

pH-Wert

Der optimale pH-Wert einer Wurmkiste liegt zwischen 5 und 7. Durch den Kompostierungsprozess versauert der Boden langsam. Dem wirken die Würmer auf natürliche Weise mit ihren Kalkdrüsen entgegen. Eine zu saure Umgebung bekommt den Würmern nicht, weshalb manche Bioabfälle ungeeignet für die Wurmkiste sind. Sie können in jeder Apotheke Teststreifen (Indikatorpapier) zum einfachen Überprüfen des pH-Wertes bekommen.

Der Einsatz von Kalk oder Mineral-Mix ermöglicht es, die Leistung der Wurmfarm zu steigern, ohne den pH-Wert zu sehr sinken zu lassen. Weitere Informationen finden Sie auf Seite 51.

Belüftung

Da auch die Würmer Sauerstoff zum Überleben brauchen, muss die Luft um die Wurmkiste herum frei zirkulieren können. Es ist davon abzuraten, die Kiste in einem geschlossenen Schrank aufzubewahren. Außerdem sollte die Wurmkiste nicht mit einem Plastiksack bedeckt werden, da die Würmer sonst ersticken würden.

Zusammenfassung

Damit die Würmer fleißig Ihre Abfälle fressen, stellen Sie die Kiste am besten an einem Ort auf, der trocken und gut belüftet ist. Ideal ist eine gleichbleibende Temperatur zwischen 15 und 25 °C. Dies ist am leichtesten in der Wohnung gegeben. Wenn Sie die Wurmkiste noch hübsch bemalen, muss diese sich nicht verstecken und erfreut das Auge.
Wir selbst haben unseren Kompost in der Küche aufgestellt. Somit ist der Weg vom Abfall zur Wurmfarm sehr kurz. Mitunter bietet die Wurmkiste interessanten Gesprächsstoff mit Gästen, die sich oft von der Idee anstecken und überzeugen lassen. Auch ein Keller, eine Garage oder ein schattiger Balkon kann unter gewissen Umständen geeignet sein. Dies hat den Vorteil, dass die Wohnung sauber bleibt, zum Beispiel bei der Komposternte. Die Wurmkiste sollte allerdings nicht direkt neben der Waschmaschine oder dem Trockner stehen. Die Vibrationen können die Würmer stören.

Die Kompostkiste starten und betreiben

Um die Wurmkiste in Gang zu setzen, brauchen Sie mindestens 500 g Kompostwürmer (das sind etwa 1000 Stück Eisenia fetida).
Während der ersten Tage benötigt die Wurmkiste etwas Aufmerksamkeit. Wenn sich das Ökosystem eingependelt hat, wird die Wurmkiste dann praktisch zum Selbstläufer.

1. Tag

Nachdem die Kompostkiste gebaut ist, wird die Einstreu für die Würmer vorbereitet. Sie benötigen eine etwa 10 cm dicke Schicht Streu. Vermischen Sie dafür zwei Handvoll halbreifen Kompost mit zerrissenem Karton und Wasser. In dem halbreifen Kompost befinden sich viele für den Rottevorgang notwendige Kleinstlebewesen, die wie ein Kompostbeschleuniger wirken. Lassen Sie die Mischung ungefähr 15 Minuten in Leitungswasser ruhen. Chlorhaltiges Leitungswasser sollten Sie zuvor besser eine Stunde stehen lassen, bevor Sie es benutzen.

1. Wenn Sie keinen Kompost haben, können Sie folgende kohlenstoffhaltige Materialien ersatzweise verwenden: klein geschnittene Ästchen, Stroh, Laub (Ahorn oder Obstlaub), zerrissenen Karton, Schnipsel von Eierpackungen und Zeitungspapier. Verwenden Sie nur Papier, das ausschließlich mit schwarzer Farbe bedruckt ist. Buntdrucke und Hochglanzpapier sind gänzlich zu vermeiden – sie enthalten Schwermetalle. Verzichten Sie auch auf gekaufte Blumenerde, da diese für die Würmer kaum Nährwert bietet und zudem häufig zu salzig ist. Für welches Material Sie sich auch entscheiden, es muss vor der Benutzung gut angefeuchtet werden.

2. Nach 10 bis 15 Minuten hat sich die Materie ausreichend mit Flüssigkeit vollgesogen. Pressen Sie nun überschüssiges Wasser heraus, bis das Substrat den Feuchtigkeitsgrad eines ausgewrungenen Schwamms annimmt. Dann stecken Sie die erste Arbeitsetage auf das Auffangbecken und füllen das feuchte Substrat hinein.

3. Nun ist das neue Heim für Ihre Würmer fertig. Weitere Arbeitsetagen folgen erst später, siehe Seite 45. Geben Sie jetzt die Würmer auf das Substrat. Als lichtscheue Wesen verkriechen sie sich schnell. Sobald sich auch der letzte Wurm in der Einstreu versteckt hat, geben Sie eine geringe Menge Küchenabfall zu (siehe Speiseplan Seite 46). Nun positionieren Sie eine Lampe über der offenen Kiste. Das Licht zwingt die Würmer, sich erst einmal an ihre neue Umgebung zu gewöhnen. Nach 2–3 Tagen mit Licht kann der Deckel draufgesetzt werden, ohne dass Würmer zu wandern beginnen.

4. Besonders wohl fühlen sich Ihre Würmer zudem, wenn ihr neues Zuhause oberflächig abgedeckt wird. Dies schützt vor Licht und Austrocknung. Gut eignen sich dafür Hanfmatten. Im Laufe der Zeit werden diese von den Würmern aufgefressen. Als Gegenleistung entsteht dabei ganz besonders schöner und lockerer Wurmhumus. Alte Handtücher können den Zweck einer Abdeckung ebenfalls erfüllen. Bei abgenutzten Textilien haben sich die Chemikalien der Textilbranche im Laufe der Zeit herausgewaschen. Besonders Baumwolle wird während ihres Wachstums erheblich gespritzt und diese chemischen Rückstände gehen dann in Ihren Wurmhumus über. Daher raten wir von der Verwendung neuer Baumwollstoffe ab, es sei denn, es handelt sich um Baumwolle aus biologischem Anbau. In der Stoffabdeckung sollte sich auch kein Elasthan befinden. Diese Kunststofffäden sammeln sich im Zersetzungsprozess als winzige Plastikpartikel in Ihrem Kompost an und es ist kaum möglich, diese zu entfernen. Auch Kokosmatten sollten nicht in die Wurmkiste, da sie meistens mit Herbiziden und Fungiziden behandelt worden sind. Verzichten Sie bitte auch auf mehrere Lagen Zeitungspapier als Abdeckung. Die Blätter verbinden sich bei Feuchtigkeit eng miteinander und lassen wenig Sauerstoff in das Substrat.

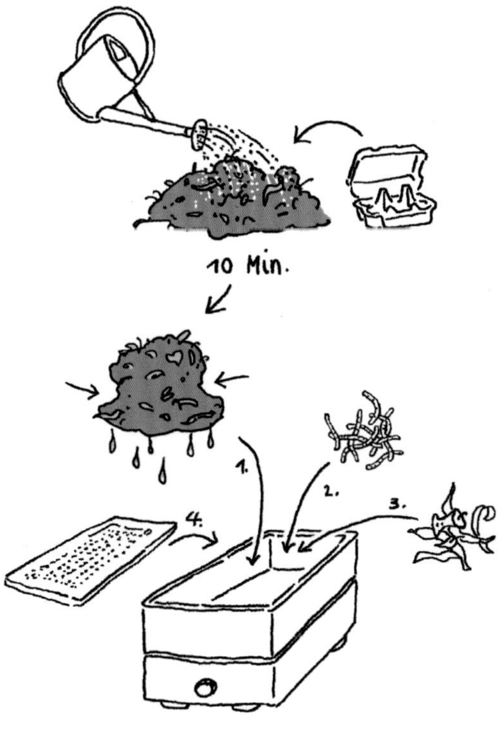

Die richtige Mischung gewährleistet einen guten Start in der Wurmkiste.

1. bis 8. Woche

Füttern Sie 250 bis 500 g Abfälle pro Woche zu. In der 8. Woche sollten die meisten der am ersten Tag zugegebenen Abfälle komplett zersetzt sein. Füttern Sie in kleinen Haufen, welche Sie nebeneinander platzieren. So können Sie nach einigen Monaten sehr gut die Geschwindigkeit des Kompostvorgangs einschätzen. Die Würmer fühlen sich ganz zu Hause und vermehren sich bereits. Vermeiden Sie, mehr Abfälle zuzugeben, als die Würmer fressen können, da dies zu Schimmel und unangenehmem Geruch führt.

Die Folgewochen

Die Population steigt kontinuierlich. Unter guten Voraussetzungen verdoppelt sie sich alle drei Monate. Mit der Zeit passt sich die Anzahl der Würmer der Abfallmenge an und stabilisiert sich. Sobald die erste Etage voll ist, können Sie die nächste Etage aufsetzen und mit Abfällen füllen. Da die Abfälle jedoch schnell in sich zusammensacken, sollten Sie nach Zugabe des Abfalls eine Woche warten, bevor Sie die neue Etage hinzufügen. So gehen Sie sicher, dass die erste Kiste auch wirklich gut gefüllt ist und ein Berühren des darüber liegenden Bodens gewährleistet ist. Dies ist notwendig, damit die Würmer frei von einer Etage in die andere wandern können. Sobald die letzte Etage aufgestockt und mit Abfällen gefüllt wurde (nach etwa neun Monaten), kann der fertige Kompost in der untersten Kiste geerntet werden (siehe Abschnitt „Kompost ernten" ab Seite 54).

Was fressen die Würmer?

Kompostwürmer fressen generell alles, was vorher einmal gelebt hat. Noch lebende Materie rühren sie jedoch nicht an, weshalb von Würmern angeknabberte Wurzeln zu den Mythen gehören.

Aus diesem Grund wachsen in unserer Kompostkiste auch manchmal die Kartoffelaugen und Kürbissamen zu kleinen Pflänzchen heran. Geben Sie noch lebende Materie, wie zum Beispiel Sprossen hinzu, so sollten Sie diese vorher kurz abkochen (beispielsweise mit dem Nudelwasser) oder in die Mikrowelle geben. Kürbiskerne und andere Samen können Sie auch an die Vögel verfüttern. Für die Vögel stellen diese Samen einen wertvollen Leckerbissen dar. So vermeiden Sie auch die Pflänzchen in Ihrer Wurmkiste.

Hier finden Sie den Speiseplan Ihrer Würmer sowie die Tabuliste

Zu jeder Mahlzeit:	Hin und wieder:	Nie:
* 25 bis 30 % kohlenstoffhaltige Materie (Papier, Karton, Eierpackungen, Toilettenrollen...) * Überreste stickstoffhaltigen Materials wie Obst- und Gemüseabfälle, Kaffeesatz mit Filter, Teebeutel ohne Klammer u. a. * etwas Mineral-Mix oder Kalk	* gekochte Essensreste * stärkehaltige Nahrungsmittel (wie Nudeln, Brotkrümel) * große Mengen ein und desselben Abfalls * große und harte Abfallstücke (lange Kompostierdauer) * Haare, Nägel * gemahlene Eierschalen * ungefärbte Kleidungsstücke aus natürlichen Fasern	* Milchprodukte * Fleisch, Knochen, Fisch * Hochglanzprospekte und farbig bedrucktes Papier * Knoblauch, Zwiebeln, Schalotten (werden als Anti-Wurmmittel eingesetzt!) * Zitrusfrüchte und -schalen, Rhabarber und andere säurehaltige Abfälle * biologisch nicht abbaubare Materialien, wie Plastik etc. * Fäkalien * fettige, sehr salzige und essighaltige Nahrungsmittel

Kartonage

Zerreißen Sie den Karton und das Zeitungspapier vor der Zugabe in kleine Stückchen. Einer eher feuchten Kompostkiste kann Karton und Papier ohne vorheriges Anfeuchten zugegeben werden. Ist Ihre Kompostkiste recht trocken, ist ein vorheriges Anfeuchten vorteilhaft. Die Druckerschwärze im Zeitungspapier ist für uns und die Würmer übrigens unbedenklich. Sie besteht mittlerweile fast vollständig aus gereinigtem Ruß. Weitere Bestandteile sind Harze zum Fixieren und Minerale als Lösungsmittel. Letztere verdampfen während des Druckvorganges, sodass nur der in Harz gebundene, fast gänzlich aus Kohlenstoff bestehende Ruß übrig bleibt.

In Hochglanzprospekten und Buntdrucken (auch in Servietten) sind noch immer Schwermetalle enthalten, die besser nicht in die Wurmkiste gelangen sollten. Verzichten sollten Sie zudem auch auf weißes Druckerpapier und gebleichte Taschentücher. Um dieses Papier aufzuhellen, werden viele chemische Mittel verwendet, die den Organismen in der Wurmkiste schaden.

Harte Bestandteile

Muscheln und stark holzige Materialien, wie Obstkerne, Nussschalen und Maiskolben, sollten besser nicht in die Wurmkiste gelangen. Der dort vorhandene Platz ist relativ beschränkt. Es nimmt viel Zeit in Anspruch, bis diese harten Materialien kompostiert sind, sodass sie über einen langen Zeitraum Platz in der Wurmkiste einnehmen. Auch Haare und Nägel von Mensch und Tier brauchen zu lange. Nicht Kompostiertes findet sich zudem im fertigen Kompost wieder. Möchten Sie trotzdem diese Materialien zugeben, sollten Sie sie weitestgehend zerkleinern. Schlagen Sie diese dafür mit einem Hammer oder großem Stein, bis sie in einzelne Stücke zerbrechen, um so die Oberfläche zu vergrößern.

Die Mischung macht's

Wenn Sie den Speiseplan Ihrer Würmer ausgewogen gestalten, passt sich die Population schnell der Futtermenge an.

Kleintierstreu

Würmer fressen mit Kot vermischte Streu recht gerne. Dennoch empfehlen wir es nicht, diese Materie in Ihre Wurmkiste zu geben. Die in Stroh und Kleintierstreu enthaltenen Holzfasern benötigen sehr viel Zeit, um zersetzt zu werden. Hinzu kommt, dass sich dieses Substrat ab einer gewissen Menge stark erhitzt. Dies bekommt den Würmern jedoch gar nicht und sie versuchen abzuwandern. Da ihr Lebensraum in der Wurmkiste aber stark beschränkt ist, haben sie kaum die Möglichkeit, sich in kühlere Gefilde zu verziehen. Außerdem besteht das Risiko, dass bestimmte Krankheitserreger aus dem Kot und Urin überleben, weil die Temperaturen nicht ausreichend ansteigen, um sämtliche Keime abzutöten.

Blumen

Selbst gepflückte Blumensträuße können problemlos kompostiert werden. Eventuell werden mit den Blumen unerwünschte Organismen in die Wurmkiste eingeführt, wie beispielsweise Fliegeneier. Gekaufte Blumensträuße sind häufig stark mit Pestiziden behandelt, was die Gesundheit der Bodenlebewesen beeinträchtigen kann. Die Pestizide finden sich zudem dann in Ihrem Kompost wieder. Aus diesen Gründen sollten Sie es vermeiden, zu große Mengen dieser Materie zuzufüttern.

Der Inhalt von Blumentöpfen kann in geringer Menge in der Wurmkiste entsorgt werden. Blumenerde aus Gärtnereien ist allerdings oft sehr salzig, sodass auf größere Mengen verzichtet werden sollte.

Etiketten

Häufig kleben an Bananen und Äpfeln kleine Etiketten – meist sind sie aus Plastik und sollten deshalb von den Schalen entfernt werden. Sie finden sie sonst in Ihrem fertigen Kompost wieder. Gleiches gilt für mögliche Etiketten an anderen Früchten.

SPEISEZETTEL
WÜRMER
wir sind vegetarier!
klein-machen
zu hart
Fifi
MINERAL MIX
Blümchen von der Wiese
Bio

Fisch, Fleisch, Knochen und Milchprodukte

Wir empfehlen generell, diese Produkte nicht in die Wurmkiste zu geben. Während der Zersetzung können schlechte Gerüche auftreten und Schädlinge angelockt werden.
Wenn Sie jedoch bereits einige Erfahrung mit Ihrer Kompostkiste gesammelt haben, können Sie mit kleinen Mengen experimentieren. Wir füttern hin und wieder Käseränder aus organischem Material sowie gut abgenagte Knochen zu, ohne dass schlechte Gerüche entstehen. Dabei sorgen wir dafür, dass diese Materialien gut von Substrat und übrigen Abfällen bedeckt sind. Zwar finden wir die Knochen im fertigen Kompost wieder, sie sind jedoch sehr porös. Es genügt, sie zu trocknen und zu zerkleinern. Die entstandenen Stückchen können dann wieder in die Kompostkiste oder direkt in den Garten gegeben werden.

Gewürze

Da Gewürze aus Pflanzenteilen bestehen, können sie von den Würmern verzehrt werden. Vorsichtig sollten Sie jedoch mit scharfen Substanzen wie Chili umgehen, da diese auf der Haut der Würmer brennen können. Auch salzige Lebensmittel sollten vermieden werden.

Staubsaugerbeutel

Im Staubsaugerbeutel befindet sich zum großen Teil organische Materie, wie Haare, Staub und Insekten. Ein kleiner Teil besteht jedoch aus synthetischen Stoffen, wie kleine Plastikpartikel, synthetische Fasern, Farbe oder Ähnliches. Geben Sie den Inhalt des Staubsaugerbeutels deshalb besser nicht in die Wurmkiste.

Wäscheflusen

In der Waschmaschine oder im Trockner sammeln sich mit der Zeit häufig Flusen an. Da viele Kleidungsstücke zumindest teilweise aus synthetischen Fasern bestehen, sollten die Flusen nicht in die Wurmkiste gegeben werden. Eine Ausnahme besteht, wenn Sie ausschließlich Kleidungsstücke aus 100 % natürlichen Fasern waschen.

Biologisch abbaubare Kunststoffe

Biologisch abbaubare Kunststoffe werden unter anderem aus Mais- oder Kartoffelstärke hergestellt. Es dauert jedoch sehr lange, bis sich dieses Material zersetzt. Es bedarf einiger Wärme und oft auch UV-Strahlung für einen vollständigen Abbau.
Wir selbst testeten biologisch abbaubare Windeln in unserer Wurmkiste: Nach einem Jahr war die Windel noch vollständig intakt.
Daher geben Sie abbaubare Kunststoffe besser nicht in Ihre Wurmkiste. Oft entsteht durch sie eine wasser- und sauerstoffdichte

Schicht. Die Bodenlebewesen können nicht mehr richtig atmen und es bilden sich viele anaerobe Bakterien und mit ihnen ein unangenehmer Geruch. Recyceln Sie biologisch abbaubare Tüten besser in der grünen Tonne oder als Müllbeutel.

Mineralien/Mineral-Mix

Wie wir Menschen brauchen auch die Würmer bestimmte Mineralien. In der Natur begeben sich die Würmer auf Wanderschaft und suchen sich, was sie brauchen. In einer geschlossenen Wurmkiste können sie dies jedoch nicht und sind daher auf unsere Futterzugaben angewiesen. Deshalb wird allgemein empfohlen, Mineralmischungen (Mineral-Mix) zuzufüttern. Diese enthalten Kalk und andere Spurenelemente, die nicht in ausreichender Menge im Biomüll vorkommen.
Verzichtet man darauf, werden die Würmer mit der Zeit immer kleiner und dünner. Sie reproduzieren sich weniger und das ganze System fängt an zu stocken. Um dies zu vermeiden, geben Sie pro Woche etwa 1/2 Handvoll Mineralienmischung zu. Eine käufliche Mineralienmischung für 18 Monate kostet etwa 5 €. Hierin ist übrigens auch schon Kalk enthalten, sodass Sie auf dessen Zugabe verzichten können. Nebenbei werten die enthaltenen Mineralien auch den entstehenden Wurmhumus auf.
Wir haben viele Jahre auf solche Zusatzstoffe verzichtet und unsere Kompostkiste funktionierte trotzdem. Da unser Gemüse aber häufig an den Wurzeln und Außenblättern mit Gartenerde beschmutzt ist, führten wir auf diese Weise frische Mineralien zu. Als wir dann aber anfingen, gelegentlich Kalk und Mineralien zuzufüttern, stellten wir fest, dass die Würmer ganz heiß darauf waren und sich verstärkt vermehrten, sodass wir es inzwischen doch als notwendig erachten und empfehlen.
Manche Wurmfarmer geben hin und wieder eine Handvoll Gartenerde in die Wurmfarm. Diese Methode funktioniert bei manchen, es hängt aber sehr stark davon ab, welche Zusammensetzung die verwendete Erde hat. Geben Sie beispielsweise eine Handvoll saurer Walderde zu, kann es passieren, dass Sie das Milieu in Ihrer Wurmkiste derartig versauern, dass alle Würmer innerhalb kürzester Zeit sterben.

Würmer rundum versorgen

Damit Ihre Würmer ganz vital sind, geben Sie ihnen am besten regelmäßig eine Mineralienmischung – etwa eine halbe Handvoll in der Woche. Sie werden dann kräftiger und vermehren sich besser. Auch der entstehende Wurmhumus ist gehaltvoller.

Kalk

Durch den Rottevorgang wird das Substrat allmählich sauer. Deswegen sollte regelmäßig Kalk zugegeben werden, der die entstehende Säure neutralisiert. Bepudern Sie die Oberfläche des Substrats regelmäßig mit etwas Kalk oder geben Sie Mineral-Mix dazu. Die Würmer und Bakterien in der Wurmkiste benötigen Kalk als Nährstoff, auch deshalb ist eine regelmäßige Zugabe dieses Stoffes notwendig. Es gibt den geeigneten kohlensauren Kalk im Gartencenter für etwa 0,20 € pro kg. Streuen Sie hiervon jede Woche etwas über das Substrat, die Würmer werden es schnell aufnehmen.

Wir geben außerdem regelmäßig Eierschalen in unsere Wurmkiste. Diese Praxis können wir jedoch nicht uneingeschränkt empfehlen, weil an den Eierschalen Salmonellen vorkommen können, die in Ihrer Wurmkiste überleben. Durch Berührung des Substrates können diese Krankheitserreger auf den Menschen übertragen werden, was besonders bei Kleinkindern oder älteren Menschen ein Risiko darstellen kann. Da es allgemein bei Wurmfarmern eine übliche Praxis ist, Eierschalen zuzugeben, kommen wahrscheinlich Salmonellen in vielen Wurmfarmen in einer kleinen Menge vor, ohne jedoch Schaden anzurichten. Sie sollten nur wissen, dass Sie ein gewisses Risiko eingehen, wenn Sie sich für diese Praxis entscheiden.

Durch Kochen oder Erhitzen im Ofen würden die Salmonellen auf den Eierschalen zwar abgetötet werden, gleichzeitig verändert sich aber auch die chemische Struktur innerhalb der Eierschale. Dies hat zur Folge, dass der Kalk gekochter oder erhitzter Eierschalen von den Würmern schlechter aufgenommen werden kann.

Im Ganzen belassene Eierschalen zersetzen sich im Kompost kaum, sodass diese im Endprozess beinahe intakt wiedergefunden werden. Erfahrungsgemäß ist es besser, die Eierschalen zu einem feinen Puder zu zerreiben. Am besten funktioniert dies mit einem Mörser, wenn man die Eierschalen zuvor gut trocknen lässt.

Gespritzte Obst- und Gemüseabfälle

Idealerweise füttern Sie Ihre Würmer nur mit unbehandelten Lebensmitteln, vor allem, wenn Sie den Kompost hinterher für sich verwenden wollen. Herbizide werden nämlich nur sehr langsam oder gar nicht abgebaut und finden sich dann in Ihrem Kompost wieder. Pestizidrückstände in Ihrem Kompost können Ihre Zimmerpflanzen, Tomaten und Gurken in Ihrem Wachstum behindern. Tendenziell speichern Würmer die Schwermetalle aus diesen Pflanzenschutzmitteln in ihrem Körper. Auf Grund dieser Eigenschaft werden Würmer auch auf verseuchten Gebieten eingesetzt, um diese zu entgiften. Die Schwermetalle sammeln sich in ihrem Körper. Schließlich werden die Würmer wieder aus dem Boden gelockt und entfernt. Das ist aber keine Lösung für Ihre Wurmkiste.

Bioabfälle sammeln

Wenn die Wurmkiste etwas von der Küche entfernt steht, kann man die Bioabfälle erst einmal in einer verschließbaren Box oder einem Vorsammeleimer sammeln. Der anfallende Abfall kann sofort getrennt und in den richtigen Behälter geworfen werden. Es ist sinnvoll, den Biomüll in einem verschließbaren oder – noch besser – mit einem atmungsaktiven Filter versehenen Behälter aufzubewahren, damit zwar Sauerstoff, aber keine Fliegen an den Inhalt kommen. Das verhindert Fäulnis und die damit verbundenen Gerüche. Bei einem verschlossenen Behälter sollten die Bioabfälle regelmäßig in die Wurmkiste geworfen werden, um ein Verfaulen zu vermeiden.

Wurmpflege

Kompostwürmer sind sehr pflegeleichte Haustiere. Dennoch müssen ihre Bedürfnisse berücksichtigt werden: Es muss immer dunkel und feucht in der Wurmkiste bleiben. Der Standort der Kiste soll frei von Vibrationen sein. Das Substrat darf nicht versauern. Sie brauchen stets genügend Sauerstoff und Nahrung. Allzu frische Nahrung können sie jedoch nicht verzehren. Selbst das zarteste Blatt eines Kopfsalates wäre für die Würmer zu zäh. Die Kompostwürmer können sich erst davon ernähren, wenn kleinste Mikroorganismen genug Vorarbeit geleistet haben. Diese spalten zuvor die Zellen der organischen Abfälle auf. Dadurch wird die Materie aufgeweicht. Erst jetzt können die Würmer diese „Suppe" aufschlürfen.

Unter diesen Bedingungen gedeihen die Würmer bestens

Temperatur:	Feuchtigkeit:	Säuregehalt:
* Idealtemperatur zwischen 15–25 °C * unter 0 °C und über 30 °C stirbt eine große Anzahl der Würmer * im Winter vor Frost, im Sommer vor direkter Sonneneinstrahlung schützen * bei Haltung auf dem Balkon vor zu drastischen Temperaturunterschieden schützen	* idealer Feuchtigkeitsgrad 75–85 % * lange Trockenheitsperiode führt zu Verringerung der Anzahl der Würmer * zu hohe Feuchtigkeit führt zu Sauerstoffmangel	* idealer pH-Wert 5–7 * Substrat versauert mit Fortschreiten der Verrottungsphase * regelmäßige Zugabe von Kalk und Mineral-Mix neutralisiert die Säure * keine säurehaltigen Nahrungsmittel zugeben

Gerade zu Beginn fühlen Sie sich vielleicht manchmal unsicher, ob Sie alles richtig machen. Es ist daher empfehlenswert, eine Art Wurmkiste-Tagebuch zu schreiben. Hilfreich ist ebenfalls, das Datum der Komposternte zu notieren, damit Sie den Moment der „Reife“ immer besser abschätzen können.

Im Kompost-Tagebuch können Sie folgende Beobachtungen und Ereignisse festhalten:

1. Datum, Gewicht und Art der zugegebenen Bioabfälle
2. Datum, Gewicht oder Volumen des geernteten Kompostes
3. Zugabe weiterer Zutaten (Eierschalen, Kalk, Gesteinsmehl, Sand, Einstreu usw.)
4. Verhalten der Würmer (wie Paarung, Ansammeln im Auffangbecken)

Kompost und Flüssigdünger ernten und anwenden

Viele Wurmfarmer wollen weniger Abfall produzieren. Sie leisten damit einen Beitrag für die Umwelt und sparen zudem Geld, wenn Sie Ihren Müll nach Gewicht bezahlen müssen. Das Volumen der Ausgangsmasse reduziert sich während des Kompostiervorganges immerhin um bis zu 80 %.
Ein weiterer Gewinn ist der dabei entstehende Wurmhumus und Flüssigdünger. Besitzen Sie einen Garten oder Zimmerpflanzen, so werden Sie von der Qualität dieser beiden Produkte begeistert sein. Können Sie diese nicht selbst für sich nutzen, so verschenken Sie sie und machen andere damit glücklich.

Der beste Abfall ist der, der gar nicht erst entsteht.

Flüssigdünger (Wurmtee)

Obst- und Gemüseabfälle bestehen bis zu 80 % aus Wasser. Dieses Wasser tropft nach unten ab und wird im Auffangbecken gesammelt. Dabei fließt es durch den fertigen Kompost und spült Mineralien heraus. Die angesammelte Flüssigkeit können Sie zum Düngen für Zimmer- und Gartenpflanzen verwenden. Wir benutzen den Flüssigdünger immer ungefiltert und geben einen kleinen Schluck in die Gießkanne. Dann füllen wir die Gießkanne mit weiterem Wasser auf und gießen unsere Pflanzen direkt. Auf dem Wurmtee leben auch kleine Lebewesen, wie z. B. Springschwänze, die dann mit vergossen werden. In all den Jahren, die wir so verfahren, haben wir jedoch noch nie Schäden an unseren Pflanzen durch Kleinlebewesen festgestellt. Ernten Sie den Flüssigdünger am besten alle ein bis zwei Wochen, da der sogenannte Wurmtee schnell anaerob wird und zu riechen beginnt. Dadurch vermeiden Sie außerdem Staunässe und das Ertrinken Ihrer Würmer.
Bei Wurmfarmen mit einem Wasserhahn können Sie den Hahn offen lassen. Stellen Sie einen Krug darunter. Der Flüssigdünger tröpfelt gemächlich in den Krug und staut sich gar nicht erst im Auffangbecken. Die Würmer fühlen sich auf diese Weise deutlich wohler. Sie können den Hahn natürlich auch geschlossen halten und die Flüssigkeit einfach alle paar Tage in einen Krug fließen lassen.
Falls Sie die Wurmkiste aus Polystyrol ohne Wasserhahn gebaut haben sollten, verfahren Sie für die Ernte des Flüssigdüngers wie folgt:

1. Legen Sie als erstes den Deckel auf den Boden. Er dient als Unterlage für die Arbeitsetagen und sorgt dafür, dass es in Ihrer Wohnung nicht so schmutzig wird.

2. Heben Sie nun die oberen Etagen an und stellen Sie diese auf den vorbereiteten Deckel.

3. Gießen Sie den Flüssigdünger in ein Gefäß.
Wollen Sie den Flüssigdünger länger aufbewahren, so eignet sich ein geöffnetes Gefäß, z. B. das Unterteil der Plastikflasche, falls Sie eine Polystyrolkiste mit Wasserhahn gebaut haben sollten. Alternativ kann der Wurmtee auch in Plastikflaschen aufbewahrt werden. Füllen Sie den Wurmtee bei der Ernte dann am besten mittels Trichter und Filtertuch in eine Flasche ab. Die grobe Erde und Kleinstlebewesen bleiben somit im Tuch hängen und können anschließend wieder in die Wurmkiste zurückgegeben werden.
Zur Aufbewahrung sollte der Deckel aufgedreht bleiben, damit Sauerstoff hineingelangt. Andernfalls wird die Flüssigkeit anaerob und beginnt zu stinken. Alternativ können Sie mit einem Nagel kleine Löcher in den Deckel schlagen und somit auch bei festem Verschließen eine Sauerstoffzufuhr gewähren.
Sollte sich der Wurmtee doch einmal in eine schlecht riechende Flüssigkeit verwandelt haben, so können Sie sich auf diese Weise behelfen: Verdünnen Sie alles mit Wasser und verquirlen Sie die Menge gut. Sie führen somit Sauerstoff ein, die Flüssigkeit wird wieder aerob und hört auf, zu stinken.

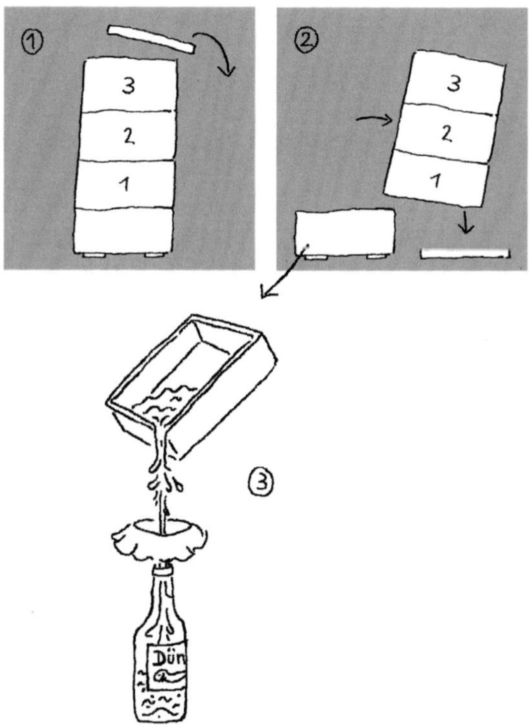

Wenn die Arbeitsetage beiseitegestellt wird, lässt sich problemlos Flüssigdünger abfüllen.

Wichtig: Lagern Sie den Flüssigdünger am besten in Plastikflaschen. In einer geschlossenen Glasflasche entsteht mit der Zeit ein derart starker Druck, dass sie explodieren kann.
Bei fehlendem Sauerstoff entwickeln sich viele Fäulnisbakterien, die auch unter hohem Druck weiterarbeiten, bis die Flasche dem Druck nicht mehr standhalten kann.
Bei der Wurmkiste aus Holz entsteht kein Wurmtee. Die Feuchtigkeit diffundiert durch das Holz und verdampft. Allerdings kann etwas Wurmhumus mit Wasser vermischt und verdünnt als Flüssigdünger genutzt werden.
Höchstwahrscheinlich werden Sie mehr Flüssigdünger produzieren, als Sie selbst verbrauchen können. Gefiltert und in hübsche Flaschen gefüllt, lässt er sich auch gut weiterverschenken. Kleben Sie ein Etikett (siehe unten) auf die Flasche, damit der Beschenkte weiß, wie er den Dünger nutzen kann. Sie können überschüssigen Flüssigdünger aber auch in Beeten im Garten und umgebenden Grünflächen ausbringen.

Anwendung

Bitte verwenden Sie den Flüssigdünger nie pur, da er hoch konzentriert ist. Vermischen Sie ihn zum Gießen 1:10 mit Wasser. Auch kränkelnden Pflanzen kann man mit solch einer Portion Dünger oftmals wieder auf die Sprünge helfen. Im Verhältnis 1:10 verdünnter Flüssigdünger kann auch gegen Mehltau und Grauschimmel helfen. Für diesen Zweck sollte die Flüssigkeit ordentlich durchgequirlt werden, damit viel Sauerstoff untergemischt wird. Der so aufbereitete Dünger kann nun direkt auf die betroffenen Blätter gespritzt werden. Wiederholen Sie diesen Vorgang einmal wöchentlich. Von solch einer Behandlung profitieren vor allem Erdbeeren, Tomaten und Wein.

Wurmhumus

Nach vier bis sechs Monaten entstehen recht ordentliche Mengen bioorganischen Düngers. Es wird sich um sehr kompakte, dunkle Erde handeln. Dieses Material durchlief mehrere Male den Magen der Regenwürmer und unterscheidet sich daher in seiner Struktur und Zusammensetzung vom herkömmlichen Gartenkompost. Wurmhumus wird in der Fachwelt daher auch nicht Kompost, sondern eben Wurmhumus genannt. Je nach Ausgangsstoffen ist dieser Dünger sehr potent.

Fertiger Wurmhumus zum Einsatz auf dem Balkon oder im Garten bereit.

Wenn die oberste Arbeitsetage zu 3/4 gefüllt ist, sollten sich in der untersten Arbeitsetage nur noch feine Wurmexkremente befinden. Jetzt kann geerntet werden. Nötigenfalls können größere Stücke, die noch nicht verdaut wurden, in einer anderen Arbeitsetage weiterkompostiert werden. Wenn Sie nicht sicher sind, ob der Wurmhumus fertig ist, können Sie einen Kressetest durchführen. Auf diese Weise stellen Sie fest, ob der Wurmhumus bereits ausreichend reif ist.
Hat sich Ihre Wurmkiste richtig eingespielt, werden Sie alle zwei bis vier Monate frischen Wurmhumus aus der untersten Etage ernten können.

Kressetest

Geben Sie etwas Wurmhumus in eine Schale und streuen Sie Kressesamen darüber. Gießen Sie vorsichtig an. Spannen Sie eine Klarsichtfolie über die Schale und stellen Sie das Ganze an einen warmen Ort. Vermeiden Sie direkte Sonneneinstrahlung. Nach drei bis vier Tagen sprießen die ersten Keime und die Folie kann entfernt werden. Vergessen Sie nun nicht, regelmäßig zu gießen. Wenn sich grüne Blätter bilden, kann der Wurmhumus genutzt werden. Sollten die meisten Blätter jedoch von gelblicher oder gar brauner Farbe sein, so ist der Wurmhumus noch nicht reif.

Der Kressetest zeigt, ob der Wurmhumus schon reif ist (links) oder noch nicht (rechts).

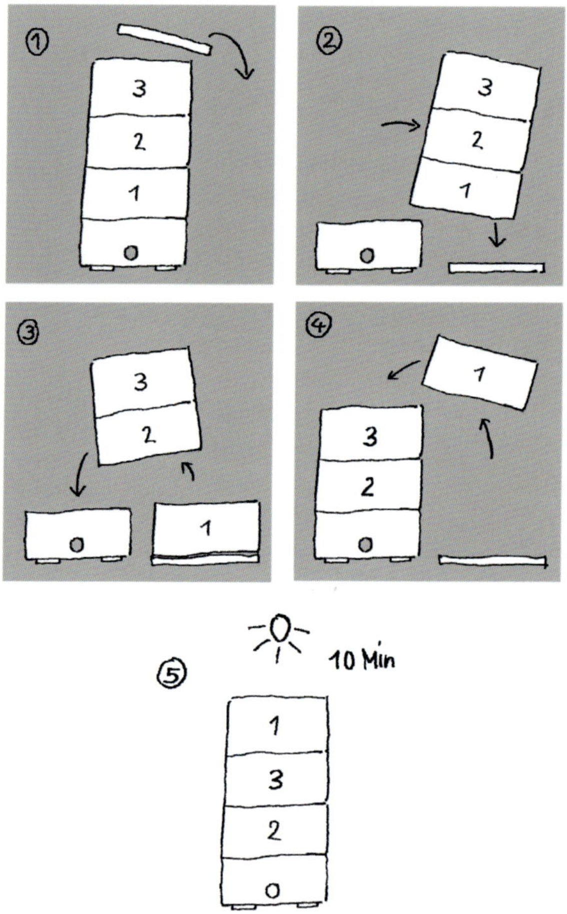

Wurmhumus ernten

1. Legen Sie für die Ernte den Deckel auf den Boden.

2. Stellen Sie nun die drei Arbeitsetagen auf den Deckel.

3. Stellen Sie anschließend die oberen beiden Arbeitsetagen auf das Auffangbecken zurück. Sie sehen nun in der verbliebenen untersten Etage, wie gut Ihre Würmer gearbeitet haben. Hier befindet sich feinster Wurmhumus.

4. Indem Sie in einem Rotationsverfahren die unterste Etage oben draufsetzen, erleichtern Sie sich das Entnehmen des Wurmhumus. Im Wurmhumus befinden sich noch ein paar Würmer, die noch entfernt werden können.

5. Setzen Sie dafür die Etage ohne Deckel für etwa 10 Minuten dem Licht aus (Tageslicht oder Lampe).
Die Würmer mögen kein Licht und ziehen sich schnell in die unteren Etagen zurück. Ernten Sie den Wurmhumus schichtweise und legen Sie zwischendurch immer wieder eine Lichtpause ein, um den Würmern Zeit zum Flüchten zu geben.

Natürlich ist es besser, die Würmer in der Kompostkiste zu lassen. Wenn Ihnen dieses Verfahren aber zu mühsam erscheint, können Sie den Wurmhumus auch als Ganzes sofort entnehmen. Die Kompostwürmer werden Ihrem Garten oder im Blumentopf nicht schaden. In dem fertigen Wurmhumus befinden sich weiterhin eine ganze Menge Kokons und somit zukünftige Würmer. Diese können Sie mit folgendem Trick retten:
Graben Sie eine Kuhle in den geernteten Wurmhumus und füllen Sie das Loch mit klein geschnittenen Bioabfällen. Lassen Sie das Ganze etwa zwei Wochen ruhen. Nach zwei Wochen sind die Würmchen geschlüpft und tun sich an den Bioabfällen gütlich. Entnehmen Sie nun die Bioabfälle mit den Wurmbabys und geben Sie diese in Ihre Wurmkiste. Eigentlich ist es nicht notwendig, die Wurmbabys zu retten. In einer gut eingespielten Wurmkiste befinden sich ausreichend Würmer. Dieses Verfahren kann aber gerade zu Beginn helfen, schnell zu einer ausreichenden Wurmmenge zu kommen. Achten Sie bitte darauf, den Wurmhumus feucht zu halten, sonst schlüpfen die Würmchen erst gar nicht oder vertrocknen.

Wurmhumus ernten

Die Würmer finden auch in Garten oder Blumentopf eine neue Heimat, wenn Ihnen das Aussortieren zu mühsam erscheint.

Was bewirkt Wurmhumus?

Der Wurmhumus setzt sich zusammen aus von Kleinstlebewesen zersetzter Materie und Wurmexkrementen, erkennbar an ihrer dunkelbraunen Farbe und körnigen Struktur. Je weiter das Stadium der Kompostierung fortgeschritten ist, umso mehr Wurmexkremente und somit bester Wurmhumus ist enthalten. Er ist voller wertvoller Mineralien, Mineralstoffe, Mikroorganismen und fertig gebildeter Ton-Humus-Komplexe.

Warum sind Ton-Humus-Komplexe so gut?

Kompostwürmer nehmen immer nur einen kleinen Teil der im Kompost enthaltenen Nährstoffe in sich auf. Die restlichen Nährstoffe stehen so den nachfolgenden Organismen und insbesondere den Pflan-

zen zur Verfügung. Aber im Magen der Kompostwürmer geschieht noch etwas Besonderes: Durch die intensive Vermischung mit Verdauungsbakterien entstehen Verbindungen aus Tonmineralien und Huminstoffen. Die Huminstoffe ummanteln die feinen Tonmineralteilchen und binden sie aneinander. Dabei entsteht ein stabiles Gefüge kleinster Bodenpartikel. Diese Gebilde werden Ton-Humus-Komplexe genannt und sind sehr stabil, auch weil die organischen Stoffe in diesem Zusammenhang langsamer abgebaut werden. Die Ton-Humus-Komplexe haben für den Boden und die Pflanzenwelt sehr bedeutsame Eigenschaften: Sie sind in der Lage, Pflanzennährstoffe zu binden – und das in einer Form, dass sie pflanzenverfügbar bleiben, also bereitwillig an die Pflanzen abgegeben werden, jedoch nicht ausgewaschen werden.
Außerdem besitzen sie eine hohe Speicherfähigkeit nicht nur für Nährstoffe, sondern auch für Wasser. Ein Boden mit einem hohen Anteil an Ton-Humus-Komplexen ist zudem gut durchlüftet. Diese stabile Krümelstruktur bietet ideale Voraussetzungen für hilfreiche Mikroorganismen, die den Abbau giftiger Stoffe ermöglichen. Somit eignet sich Wurmhumus besonders gut, um auf ausgelaugten und zuvor mit chemischen Mitteln behandelten Böden eingesetzt zu werden. Mindestens drei Jahre muss ein solch ausgemergelter Boden normalerweise ruhen, bis er sich selbst regeneriert hat. Mit einer Mulchschicht und Wurmhumusgaben verkürzt sich diese Phase auf ein Jahr. Wurmhumus stabilisiert zudem den pH-Wert des Bodens. Unter anderem deshalb, weil der Regenwurm mit seinen Exkrementen

Jede Menge Qualität

Wurmhumus gibt seine Nährstoffe nur langsam an den Boden ab und wirkt dadurch langfristig. Ganz allmählich werden dem Boden Stickstoff, Phosphor, Kalium, Kalzium, Magnesium und Mineralien zugeführt. Zudem erhöht er die Wasserspeicherfähigkeit Ihres Bodens.

Kalk ausscheidet. Einer Versauerung des Bodens kann so entgegengewirkt werden.
In den Wurmausscheidungen sind die Tonteilchen der Erde fest mit dem organischen Material in den zuvor genannten Ton-Humus-Komplexen verbunden, was sie gegen Auswaschen und Abbau sehr stabil macht, da dieser bereits gebunden ist.

Wurmhumus schützt die Pflanzen

Die gute Versorgung mit Wurmhumus erhöht die Widerstandsfähigkeit der Pflanze. Besonders der hohe Anteil von natürlicher Kieselsäure stärkt die Blattwände gegen Parasiten. So wird die Pflanze unempfindlicher gegen Insekten, Schnecken und Krankheiten.
Ein „Verbrennen“ der Pflanzen durch zu viel Stickstoff tritt nicht auf. Bestimmte Organismen im Wurmhumus beseitigen zudem Pilzkrankheiten und wirken hier wie eine Gesundheitspolizei. Andere Bakterien wiederum gehen mit den Wurzeln eine Symbiose ein, die es der Pflanze vereinfacht, Nährstoffe aufzunehmen. Weiterhin führen Sie mit Zugaben von Wurmhumus Organismen zu, die die Eier und Larven von Schädlingen fressen. Es treten somit weniger Schädlinge auf.
Mangel an Nährstoffen erzeugt bei Pflanzen Stress, macht sie verletzlich und angreifbar. Wird der Erde, in der sie wachsen, hingegen Wurmhumus zugefügt, verringert sich ihr Stress durch die ausgewogene Ernährung und sie nehmen an Kraft zu. Mit Wurmhumus können Sie kräftigere und gesunde Pflanzen erhalten.

Wurmhumus als Torfersatz

Häufig vermengen Hobbygärtner zur Bodenverbesserung ihre Erde mit Torf. Auch das führt zu einer besseren Durchlüftung des Bodens, verschlechtert ihn aber ansonsten eher, da der Torf sehr nährstoffarm ist und zur Bodenversauerung führen kann. Dramatisch ist dabei aber vor allem die Zerstörung wichtiger Biotope durch die Entnahme des Torfs. Hochmoore wachsen nur extrem langsam und bieten einen einzigartigen Lebensraum für viele Tiere und Pflanzen, zum Beispiel insektenfressende Pflanzen. Um diese Lebensräume zu erhalten, kaufen Sie nur Blumenerde ohne Torf. Der Wurmkompost erfüllt die gleiche Funktion und bringt gleichzeitig noch wertvolle Nährstoffe in

Ihren Boden. Regelmäßige Kompostzugaben können, gemeinsam mit einer mechanischen Bodenbearbeitung, auch sehr lehmhaltigen, kompakten Boden in feine, krümelige Erde umwandeln.
Wurmhumus erhöht die Wasserspeicherfähigkeit Ihres Bodens. Infolgedessen müssen Sie in Ihrem Garten weniger oft gießen und Ihre Pflanzen können längere Dürreperioden überstehen. Dazu tragen die Ton-Humus-Komplexe in den Wurmexkrementen bei. Machen Sie doch einmal folgendes überraschende Experiment: Nehmen Sie eine Handvoll Wurmhumus und drücken Sie diese kräftig aus. Sie werden erstaunt sein, wie viel Wasser herausquillt. Wurmhumus kann eine große Menge Wasser speichern. Die in ihm vorkommenden Teilchen gehen enge Verbindungen mit Wasser ein.
Gleichzeitig verbessern Sie das Lebensumfeld für Regenwürmer in Ihrem Garten. Mehr Regenwürmer bewirken eine bessere Durchlüftung Ihres Bodens. Regenwasser dringt zudem leichter in den Boden ein und wird durch die unzähligen Regenwurmgänge weit transportiert.

Wurmhumus heilt

Mit seinen antibakteriell wirkenden Stoffen kann Wurmhumus auch wie ein Pflaster genutzt werden, wenn ein Baum verletzt wurde. Feuchten Sie etwas Wurmhumus gut an und streichen Sie ihn auf die Wunde. Die Wunde sollte komplett mit einer 25 mm dicken Schicht bedeckt sein. Fixieren Sie die Masse mit einer Mullbinde. Auf diese Weise wird die Wunde geschützt und verheilt. Sie können das „Pflaster“ nach einigen Monaten entfernen.
Unserer Erfahrung nach zeigen fast alle Pflanzen, die mit Wurmhumus gedüngt wurden, ein schöneres, gesünderes Wachstum und liefern höhere Erträge.

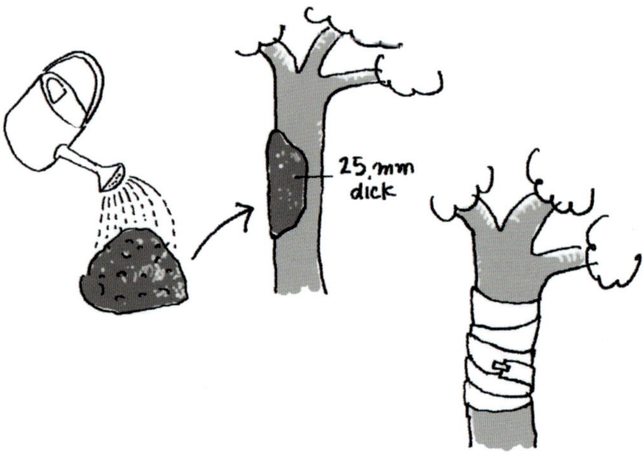

Bei verletzten Pflanzen kann der Wurmhumus mit seinen antibakteriellen Stoffen auch wie ein Pflaster genutzt werden.

Wurmhumus anwenden

Wurmhumus ist – je nach seinen Inhaltstoffen – ein Bodenverbesserer oder bio-organischer Dünger, keine fertige Blumenerde. Als allgemeine Regel können Sie Ihre Erde etwa mit 10 bis 20 % Wurmhumus anreichern, um Ihren Pflanzen Gutes zu tun. In wissenschaftlichen Studien wurde nachgewiesen, dass bereits 5 % Wurmhumus zu einem besseren Pflanzenwachstum und erhöhtem Ertrag führen.
Bei Wurmhumus gilt: Weniger ist mehr. Pur oder in hoher Menge (ab 75 %) angewendet, wird die Pflanze in ihrem Wachstum gehemmt und verkümmert. Arbeiten Sie den Humus oberflächlich in den Boden ein, mischen Sie ihn mit frischer Erde oder decken Sie Ihn mit einer Mulchschicht ab. Kompostbewohner mögen es nämlich überhaupt nicht, starkem Licht ausgesetzt zu werden. Außerdem nutzen auch die meisten Pflanzen nur die obersten 20 cm zur Nährstoffaufnahme. Der Wurmhumus lockert den Boden auf. Streuen Sie ihn deshalb bereits im Herbst auf Ihre zukünftigen Beete und bedecken Sie ihn mit einer Mulchschicht. Eine dünne Schicht Wurmhumus genügt völlig. Wenn Sie den Kompost erst im Frühling auf Ihre Beete geben, sollten Sie ihn in den Erdboden einarbeiten.

Topfpflanzen

Geben Sie je nach Größe des Gefäßes 1–3 Esslöffel Wurmhumus auf die Erdoberfläche. Arbeiten Sie den Kompost mit einer Gabel leicht ein und gießen Sie ihn an. Wiederholen Sie dieses Vorgehen gelegentlich.
Durch diese Maßnahme konnten wir unsere Grünpflanzen in eine neue Ära führen: Vorher eher mickrig, stellten diese etwa zwei Wochen nach der Wurmhumusgabe ihre Blätter straff auf, entwickelten eine schöne grüne Laubfärbung und wurden wesentlich wuchsfreudiger. Dieses schnelle Ergebnis überraschte uns wirklich sehr. Wenn Sie Ihre Blumenkästen neu anlegen, können Sie ebenfalls Ihre eigene Erdmischung herstellen: Verwenden Sie dazu einen Teil Wurmhumus, einen Teil Sand als Drainage und acht Teile Erde. Ein Verhältnis von 1:10 ist für Blumenerden meist ausreichend.

Für optimale Wirkung

Sorgen Sie dafür, dass der Humus stets leicht feucht bleibt und nicht gänzlich austrocknet. Am besten bringen Sie ihn gleich nach einem Regen aus. So bleibt er feucht. Den Wurmhumus vor einem Regen auszubringen ist wenig sinnvoll – er kann dann schnell in tiefere Erdschichten gespült werden.

Im Garten

Gemüse- und Obstpflanzen haben einen unterschiedlichen Bedarf an Nährstoffen. So gibt es Pflanzen, die für eine hohe Nährstoffzugabe dankbar sind. Zu diesen sogenannten Starkzehrern gehören beispielsweise Tomaten, Erdbeeren, Kürbisse, Gurken und Zucchini. Diese können Sie mit etwas mehr Kompost oder Wurmhumus verwöhnen. Die weniger hungrigen Pflanzen, die sogenannten Mittelzehrer (z. B. Rüben, Karotten und Salate), benötigen weniger Kompostzugaben. Bei Schwachzehrern (z. B. Kräutern, Bohnen und Erbsen) sollten Sie auf Kompostzugaben verzichten oder nur geringe Menge anwenden, damit auch sie von den aeroben Mikroorganismen profitieren. Sie können den Wurmhumus auch direkt in Ihre frisch angelegten Beete einarbeiten. Besonders geeignete Werkzeuge dafür sind die Grabegabel und der Sauzahn.
Bringen Sie eine dünne Schicht Wurmhumus auf Ihren Boden auf. Stechen Sie senkrecht mit einer Grabegabel in den Boden und bewegen Sie sie einmal nach vorne und wieder zurück. Auf diese Weise bringen Sie den Kompost und Luft in tiefere Schichten.

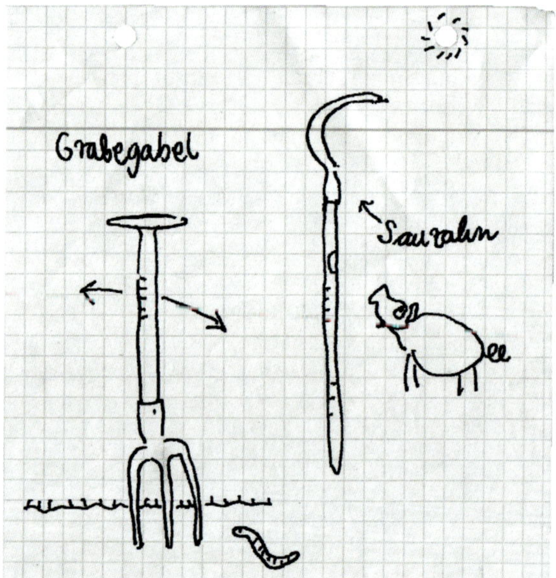

Statt umzugraben und so viele Regenwurmgänge zu zerstören, ist der Einsatz von Grabegabel und Sauzahn schonender.

Wenn Sie den Sauzahn verwenden, stechen Sie den Zinken in die Erde und ziehen lange Furchen durch das Beet. Sie können auch Längs- und Querfurchen ziehen. Wichtig ist, dass Sie die Erde nicht wenden und so die Bodenschichtung erhalten bleibt.

Die im Wurmhumus lebenden Organismen mögen kein Licht. Bedecken Sie daher den Wurmhumus immer mit einer Schicht Mulch ab. Diese Mulchschicht schützt Ihren Boden außerdem vor Erosion und Austrocknung. Dafür eignen sich verschiedene Materialien, wie Stroh, Laub, Baumrinde, Holzhäcksel oder Grasschnittgut. Außerdem locken Sie auf diese Weise eine große Anzahl an Regenwürmern in Ihren Garten, welche Ihren Gartenboden lockern und mit feinem Wurmkot nähren.

Wenn Sie **Samen** ausbringen, können Sie eine dünne Schicht Wurmhumus direkt in die Saatrillen geben.
Um einen **Rasen** zu düngen, mähen Sie ihn zuvor etwas kürzer als gewöhnlich. Streuen Sie eine dünne Schicht Wurmhumus (etwa 1 cm stark) aus und verteilen Sie ihn mit einem Drahtbesen oder Rechen gleichmäßig. Diese Vorgehensweise stellt dem Boden und Rasen viele Nährstoffe bereit. Durch regelmäßige Humuszugaben siedeln sich mit der Zeit immer mehr Würmer und Bodenlebewesen an, die den Boden belüften und mit Humus versorgen. Wenn Sie das Mähgut regelmäßig entfernen und außerdem auf Kompostzugaben verzichten, wird der Boden unter dem Rasen allmählich nährstoffärmer. Lassen Sie ruhig das Mähgut liegen. Sie führen dem Boden auf diese Weise die entnommenen Nährstoffe zurück und düngen ihn so ohne weiteren Aufwand. Die Regenwürmer (Tauwürmer) freuen sich über den gedeckten Tisch und ziehen die abgestorbenen Pflanzenteile zum Fressen in die Erde.
Beim Düngen von **Obstbäumen und Sträuchern** ist folgendes wichtig: Der Baum zieht seine Nährstoffe vor allem dort, wo seine Äste aufhören, im Randbereich der Krone oder sogenannten Traufbereich. Dort fällt das Regenwasser zu Boden und wird nicht von den Blättern aufgehalten. Geben Sie im Frühling oder Herbst eine dünne Schicht Wurmhumus auf diesen Traufbereich, es entsteht etwa ein Kreis dabei. Arbeiten Sie den Humus leicht in den Boden ein und gießen Sie ihn an. Wenn Sie die Wurzeln nicht beschädigen wollen, können Sie den ausgebrachten Humus auch einfach mit Mulch abdecken. Durch ein höheres Nährstoffangebot steht der Baum nun weniger in Konkurrenz mit den Gräsern und Kräutern, die auf seiner Baumscheibe wachsen. Dies führt zu höheren Erträgen.
Bäumen und Sträuchern macht es übrigens nichts aus, wenn Sie ihnen jungen, unreifen Kompost zugeben. Sollten Sie also einmal zu viele Abfälle produzieren und brauchen dringend eine leere Arbeitsetage in Ihrer Wurmkiste, so können Sie auch Kompost entnehmen, in dem sich noch größere, unverdaute Stücke befinden.
Bei einer **Strauch- oder Baumpflanzung** können Sie den Wurmhumus auch direkt in das Pflanzloch geben. Schätzen Sie die ausgehobene Erdmenge und geben Sie nach Augenmaß etwa 10–20 % Humusanteil ins Pflanzloch.

Was ist der Unterschied zwischen Kompost und Wurmhumus?

In einem Komposthaufen und einer Wurmkiste wimmelt es von verschiedensten Lebewesen. Diese sogenannten Destruenten (= Zersetzer) stürzen sich allesamt auf die Bioabfälle, zerstückeln und verdauen diese. Ihr Kot bietet Nahrungsgrundlage für weitere Lebewesen in der Destruentenkette, welche die Abfälle weiter zerkleinern und verdauen.
Auch in Komposthaufen leben Regenwürmer, welche sich dort an den Bioabfällen laben. Daher gibt es in normalem Kompost immer auch etwas Wurmhumus. Der größte Unterschied zwischen Kompost und Wurmhumus wird aber erst unter dem Mikroskop wirklich sichtbar. Während des Abbaus von organischem Material sind immer aerobe (sauerstoffliebende) und anaerobe (sauerstoffhassende) Bakterien beteiligt.
In einem Komposthaufen wird der vorhandene Sauerstoff während der Heißrotte sehr schnell verbraucht. Das schwere CO_2 sinkt zu Boden und verhindert eine aerobe Rotte. So können meist nur die anaeroben Organismen weiterarbeiten.
Wird die Heißrotte durch Sauerstoffmangel zu kurz oder fehlt ganz, so findet keine Sterilisation des Kompostgutes statt und Unkrautsamen können überleben.

In einer Wurmkiste hingegen ist die Populationsdichte der Würmer viel höher. Durch die Bewegung der Würmer in einer Wurmkiste wird das Kompostgut ständig bearbeitet und mit Sauerstoff versorgt. So können die aeroben Bakterien – die durch die Kompostwürmer verteilt werden – viel effizienter und ohne große Hitzeentwicklung die Nährstoffe in den Ton-Humus-Komplexen stabilisieren und den Pflanzen verfügbar machen. Der braune, angenehm riechende Wurmhumus geht mehrere Male durch den Magen eines Wurmes und ist infolgedessen viel ausgereifter und konzentrierter als normaler Kompost. Durch die stabilisierten Nährstoffe (besonders Stickstoff) „verbrennt" Wurmhumus auch die Pflanzen nicht, was mit unreifem Kompost hingegen passieren kann.
Aber Achtung: Durch das Fehlen der Heißrotte in einer Wurmkiste werden Unkrautsamen nicht zuverlässig sterilisiert. Werfen Sie deshalb besser kein Unkraut in Ihre Kiste.

Wurmhumus lagern

Wenn Sie Ihre Wurmkiste im Haus aufbewahren, produzieren Sie auch im Winter regelmäßig Wurmhumus. Zwar können Sie den Wurmhumus das ganze Jahr über anwenden, zumeist besteht dafür aber erst im Frühling wieder Bedarf.
Sie können ihn jedoch problemlos für mehrere Monate lagern, wenn sie folgende Tipps beachten. Der Wurmhumus muss atmungsaktiv und feucht gelagert werden, um die enthaltenen Kleinstlebewesen und Mikroorganismen am Leben zu erhalten. Gut geeignet sind Gewebesäcke, Stoffbeutel oder Säcke aus natürlichem Material, wie Jute und Hanf. Viele dieser Säcke wurden allerdings mit Herbiziden behandelt, welche den Mikroorganismen schaden könnten. Waschen Sie diese daher gut, bevor Sie sie benutzen. Im Handel erhalten Sie atmungsaktive Gewebesäcke aus Plastik, die hier einen guten Dienst erfüllen können. Aber auch in einer unbehandelten Holzkiste kann der Wurmhumus gut aufbewahrt werden, solange die Humusschicht 20 cm Höhe nicht überschreitet. Sie sollten ihn dann aber mit Stoff oder Karton etwas abdecken, damit er nicht austrocknet.
Lagern Sie den Wurmhumus an einem kühlen und dunklen Ort, wie zum Beispiel im Keller. Wenden Sie ihn alle zwei Monate und feuchten Sie ihn hin und wieder leicht an. Trocknet der Wurmhumus komplett aus, wird er ziemlich hart und verliert seine hervorragende Wirkung. Die Nährstoffe sind weiterhin vorhanden, müssen aber erst mühsam von den im Boden lebenden Organismen wieder erschlossen werden. Nach einer Lagerung über einen längeren Zeitraum als sechs Monate büßt der Wurmhumus an Qualität ein.

Bis zur nächsten Gartensaison

Kühl, dunkel und feucht lässt sich Wurmhumus problemlos einige Monate lagern.

Experimente mit Kindern

In diesem Kapitel werden Ideen vorgestellt, wie Ihre Kinder mehr über das Leben und Verhalten von Kompostwürmern erfahren können. Einige Experimente lassen sich auch gut in Kindergarten und Schule umsetzen.

Welche Pflanze wächst besser?

Legen Sie mit Ihren Kindern zwei Kressetöpfchen an. In eines geben Sie reine Blumenerde, in das andere eine Erd-Wurmhumus-Mischung. Mischen Sie hierfür 4 Löffel Blumenerde mit einem Löffel Wurmhumus. Vergessen Sie nicht, die Töpfchen entsprechend zu markieren. Streuen Sie einige Samen Kresse darüber und gießen Sie alles gut an. Erinnern Sie Ihr Kind an den Folgetagen, regelmäßig zu gießen. Beobachten Sie gemeinsam mit Ihrem Kind: In welchem Topf wächst die Kresse schneller und üppiger?
Für größere Kinder eignet sich ein komplexeres Testverfahren. Sie können die Wirkung von Wurmhumus und Flüssigdünger überprüfen und vergleichen. Dafür benötigen Sie 9 kleine Blumentöpfe (oder Sie schneiden die unteren 10 cm von Tetrapacks ab), Blumenerde, Wurmhumus, Wasser, Flüssigdünger, eine Gießkanne, einen Löffel und große kräftige Samen (beispielsweise Sonnenblumen- oder Kürbiskerne, Tomatensamen), sowie zwei große Plastikkisten (ersatzweise Backbleche oder mit Plastiktüten ausgelegte Pappkisten).
Die Pflanztöpfe müssen mit ausreichend großen Abflusslöchern versehen sein. Die Tetrapacks können dafür einfach mit einer Schere oder einem Nagel mehrmals durchbohrt werden.

Um die Wirkung von Flüssigdünger zu testen, werden neun Pflanztöpfe mit Blumenerde gefüllt. In jedes Töpfchen werden drei Samen gegeben und mit etwas Erde bedeckt. Stellen Sie nun je drei Schilder mit folgender Beschriftung her:
- 100 % Wasser
- 100 % Wurmtee
- 80 % Wasser und 20 % Wurmtee

In den nächsten Wochen werden die Töpfchen mit den entsprechenden Flüssigkeiten gegossen. Wenn mehr als ein Samen pro Töpfchen wachsen sollte, so wird nur der kräftigste stehen gelassen, die übrigen werden entfernt. Nach vier Wochen sollten deutliche Unterschiede bezüglich der Größe der Pflanzen und ihrer Blattmenge festzustellen sein.

In der gleichen Weise kann die Wirkung von Wurmhumus untersucht werden. Dafür werden jeweils 3 Töpfchen mit folgender Mischung gefüllt und beschriftet:

- 100 % Gartenerde (oder Blumenerde, hier ist jedoch bereits Kompost enthalten)
- 100 % Wurmhumus
- 10 % Wurmhumus, 10 % Sand, 80 % Blumen- oder Gartenerde

Für welche Erde Sie sich auch entscheiden, Sie sollten zum Testen entweder nur Garten- oder nur Blumenerde verwenden. Natürlich können Sie noch weitere Wachstumsversuche durchführen, wie 100 % Sand, 50 % Wurmhumus und 50 % Erde oder ähnlich. Dann geben Sie erneut drei Samen pro Pflanztopf in die Erde. Die Töpfe müssen regelmäßig gewässert werden und sollten über einen Zeitraum von mindestens vier Wochen beobachtet werden. Wenn auch hier mehr als drei Pflänzchen pro Topf wachsen, wird nur das kräftigste stehen gelassen, die übrigen werden entfernt. Nach vier Wochen werden die Pflanzen hinsichtlich ihrer Größe und der Blattmenge untersucht.

Hinweise zu den Experimenten: Im Zimmer können diese Experimente natürlich zu jeder Jahreszeit durchgeführt werden. Speziell im Winter jedoch, wenn die Pflänzchen nicht so viel Licht bekommen, vergeilen sie leicht. Dies bedeutet, dass die Pflanze in die Länge wächst, einen schwachen Stiel behält und relativ bleich bleibt. Daher ist es besser, das Experiment am Fenster oder draußen durchzuführen und die Jahreszeiten von Frühling bis Herbst zu nutzen. Wird das Experiment im April bis Mai durchgeführt, können die Pflänzchen später sogar in den Garten gepflanzt werden. Prinzipiell sind die mit Wurmtee und Wurmhumus gedüngten Pflanzen nicht größer als die anderen der Testreihe, sie sind aber kräftiger, haben eine kräftigere grüne Färbung, wirken gesünder und haben häufig auch etwas mehr Blattmasse. Wenn Sie den Platz im Garten haben, können Sie die Testreihe auch noch bis zur Ernte fortführen und dann hinsichtlich der Erntemenge sowie Größe, Farbe und Geschmack des Ernteguts überprüfen.

Bodenlebewesen mit der Lupe betrachten

Betrachten Sie den Wurm, Wurmbabys und den Kokon gemeinsam mit einer Lupe. Auch die übrigen Bodenlebewesen lohnen eine vertiefte Untersuchung. Geben Sie dafür feuchtes Filterpapier (Kaffeefilter) in ein breites Marmeladenglas oder in eine Petrischale. Dadurch werden die Bodenlebewesen bei der Untersuchung feucht gehalten.

Waschen Sie einen Wurm kurz unter lauwarmem Wasser ab und legen Sie ihn in das Gefäß. Betrachten Sie ihn gemeinsam aufs Genaueste. Falls der Wurm flüchten möchte, schrauben Sie für kurze Zeit den Deckel zu. Lassen Sie Ihr Kind eine Zeichnung des Wurmes anfertigen. Durch das Malen achtet Ihr Kind mehr auf kleine Details, wie zum Beispiel das unterschiedliche Aussehen des Vorder- und Hinterteils. Größere Kinder können auf ihrer Zeichnung die einzelnen Körperteile beschriften.

Auch das Innenleben kann mit relativ wenig Hilfsmitteln betrachtet werden. Nehmen Sie dafür eher einen Baby- oder Jungwurm, sie sind transparenter. Geben Sie eine dünne Wasserschicht in ein Glas, auf einen Glasteller oder in eine Petrischale. Leuchten Sie mit einer Taschenlampe von unten durch den Wurm durch. Einige seiner Organe und seine Adern werden auf diese Weise sichtbar gemacht. Als lange, braune Linie zeichnet sich in der Körpermitte der Wurmbabys der Magen und der Darm ab, in welchem Futter zersetzt wird. Noch genauer lässt sich der Jungwurm mithilfe einer starken Lupe oder eines Mikroskops studieren. Naturgemäß reagiert der Wurm sehr gestresst, wenn er dieser starken Lichtquelle ausgesetzt wird, weswegen diese Untersuchung nach ein paar Sekunden abgebrochen wird. Danach geben Sie den Wurm bitte in die Wurmkiste zurück, damit er nicht austrocknet.

Beobachtungsglas

Mit diesem tollen Kompostglas wird Beobachten ganz einfach. Nehmen Sie dafür ein möglichst großes Glas von mindestens 1 l Fassungsvermögen (Einmachglas, Schraubglas von sauren Gurken oder Ähnliches). Gut geeignet sind auch transparente Eimer von Süßigkeiten, Orangen oder Vogelfutter. Bedecken Sie den Boden mit Kartonschnipseln. Sie saugen überschüssige Flüssigkeit auf. Geben Sie danach halbreifen Kompost zu, bis zwei Drittel des Behälters ausgefüllt sind. Legen Sie je nach Größe Ihres Gefäßes einige Kompostwürmer unterschiedlicher Größe auf die Oberfläche, Richtwert sind etwa 5 Tiere pro Liter. Beobachten Sie, wie sich die

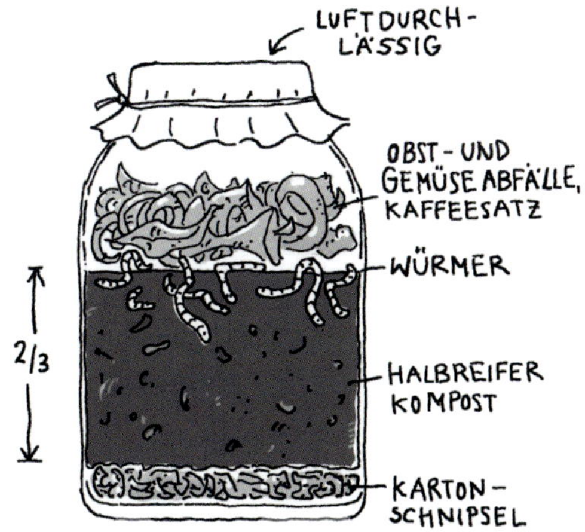

Würmer verkriechen. Geben Sie nun Obst- und Gemüseabfällen mit etwas Kaffeesatz auf die Oberfläche. Verschließen Sie das Kompostglas auf keinen Fall mit dem Schraubdeckel, da in diesem Fall die Würmer ersticken würden. Legen Sie besser ein Küchentuch auf das Gefäß und ziehen Sie um die Öffnung einen Gummiring. Geben Sie das Gefäß bei Zimmertemperatur in einen dunklen Raum oder dunkeln Sie die Seitenflächen mit Pappe oder dem Küchentuch ab. Wenn Sie die Pappe oder das Küchentuch entfernen, können Sie für kurze Zeit die Würmer bei schwachem Licht beobachten, am besten unter Rotlicht. Die Glaswand verhindert direkte Berührungen, aber ermöglicht, die Würmer bis in die Tiefe zu beobachten, wie sie sich in ihren Gängen fortbewegen, wo Kothäufchen überall abgesetzt werden, wo sich die Würmer zu welcher Tageszeit am liebsten aufhalten und vieles mehr. Damit es im Beobachtungsglas ausreichend feucht ist, sollten Sie alle drei Tage die Bodenoberfläche mit Wasser benetzen. Dafür eignet sich besonders gut eine Sprühflasche für Pflanzen. Wenn Sie hin und wieder Karton in das Substrat eingraben, saugt dieser überschüssige Feuchtigkeit auf, sodass Sie die Würmer einige Wochen im Glas belassen können. Geben Sie die Würmer danach einfach wieder in Ihre Wurmkiste zurück.

Experimente: Wie reagiert der Wurm?

Eine Wurmkiste bietet genug Möglichkeiten für Kinder verschiedensten Alters. Entnehmen Sie die Experimentiertiere direkt mit den Händen aus der Wurmkiste, damit Sie diese nicht verletzen. Wenn Sie es eklig finden, die Tiere zu berühren, ziehen Sie einfach ungepuderte Plastik- oder Latexhandschuhe an. Achten Sie immer darauf, den Wurm nach kurzer Zeit wieder in die Wurmkiste zurückzugeben, damit er nicht austrocknet und tauschen Sie ihn gegebenenfalls gegen einen anderen aus. Legen Sie den Wurm zum Experimentieren immer auf einen feuchten Untergrund. Gut funktioniert es, wenn Sie zum Beispiel einen feuchten Kaffeefilter oder ein feuchtes Taschentuch auf einem Teller ausbreiten.

Die Bewegungen des Wurmes lassen sich gut mithilfe eines **Polyluxes** beobachten. Besprühen Sie dazu die Glasfläche des Tageslichtprojektors mit etwas Wasser und geben Sie einen Wurm darauf. Er wird wie ein großer Schatten an die Wand geworfen, was die Bewegung recht gut verdeutlicht. Natürlich stresst das Licht den Wurm extrem, weswegen er versucht, der Lichtquelle zu entkommen. Um das Tier nicht zu sehr zu quälen, sollten Sie ihn nur kurze Zeit dieser starken Lichtquelle aussetzen. Interessant ist es auch, die Bewegung zeichnerisch oder digital festzuhalten. Schießen Sie dafür mehrere aufeinanderfolgende Fotos und betrachten Sie diese gemeinsam. Besonders deutlich wird der Bewegungsablauf, wenn der Wurm gefilmt und schließlich der Film in Zeitlupe angesehen wird. Übrigens hat der Wurm Borsten, die ihn bei seiner Bewegung unterstützen. Diese können Sie erfühlen, wenn Sie dem Wurm vorsichtig einmal über den Rücken streichen und einmal über den Bauch. Am Rücken ist der Wurm ganz glatt und schleimig. Am Bauch hingegen fühlt sich der Wurm trocken an und der Finger gleitet weniger gut über die Borsten. Unter bestimmten Lichtverhältnissen lassen sich die Borsten mit bloßem Auge erkennen. Wenn der Wurm auf ein Aluminiumpapier gelegt wird, können Sie die Bewegung der Borsten sogar hören. Es entsteht ein leicht kratzendes Geräusch.

Die **Sinnesorgane der Würmer** funktionieren ganz anders als unsere. Dies zu erfahren, kann für Kinder überraschend sein. Lassen Sie Ihr Kind laut neben einem Wurm schreien oder klatschen. Achten Sie dabei darauf, dass der Windstoß den Wurm nicht berührt. Er wird nicht reagieren, da er kein Gehör hat. Er reagiert hingegen stark auf Vibrationen. Dies dient ihm hauptsächlich dafür, seinen Fressfeinden zu entkommen. So fühlt er beispielsweise das Graben des Maulwurfes unter der Erde und versucht zu fliehen.
Stellen Sie die offene Wurmkiste auf den Tisch und klopfen Sie mit einer Hand auf die Tischplatte, sodass die Wurmkiste gerüttelt wird. Die Würmer reagieren gestresst und vergraben sich. Aber auch auf Licht reagieren die Würmer sehr stark. Falten Sie einmal einen Streifen Papier zu einem Dach. Geben Sie nun einen Wurm zur Hälfte darunter, sodass sein Vorderteil heraus schaut. Beleuchten Sie diesen Teil mit einer Taschenlampe. Der Wurm wird sich schnell unter das schützende Dach zurückziehen. Mithilfe seiner Geruchssinne kann der Wurm Futter ausmachen. Tauchen Sie je ein Wattestäbchen in Essiglösung, Salzwasser oder Honigwasser. Halten Sie diese nacheinander vor das Vorderteil des Regenwurms. Es kann etwas dauern, bis er eine Reaktion zeigt. Er hat gegen die Essig- und Salzlösung eine Abneigung. Zwingen Sie das Tier jedoch nicht, die Flüssigkeiten zu berühren, sie können seine Haut schädigen.

Vögel wissen es auch . . .

Amseln trippeln mit ihren Krallen auf dem Boden herum und imitieren so die Vibrationen herabfallender Regentropfen. Der Regenwurm kommt aus der Erde und wird von der Amsel verspeist.

Ertrinken Würmer unter Wasser?

Dazu kann ein beeindruckendes Experiment durchgeführt werden. Füllen Sie eine Schüssel mit frischem, kaltem Wasser. Schlagen Sie das Wasser kräftig mit einem Rührbesen durch. So wird Sauerstoff unter das Wasser gemischt. Geben Sie vorsichtig einen Wurm ins Wasser. Wie reagiert er? Bereiten Sie auf die gleiche Weise eine Schüssel mit lauwarmem Wasser (auf keinen Fall zu warm, nicht mehr als 21 °C) vor. Es ist ganz besonders wichtig, lauwarmes Wasser gut durchzuquirlen, da in wärmerem Wasser weniger Sauerstoff gelöst wird. Geben Sie auch hier einen Wurm hinein. Bei diesem Experiment sieht man deutlich, wie stark sie auf äußere Temperaturen reagieren, da sich die Würmer in dem kalten Wasser deutlich langsamer bewegen. Würmer können einige Zeit im Wasser überleben, da sie dank ihrer feuchten Körperhaut Sauerstoff im Wasser aufnehmen können. Geben Sie als Experiment auch einmal mehrere Würmer in die Gefäße und überprüfen Sie, ob sie den Kontakt ihrer Artgenossen suchen. Auch an Land sucht der Wurm gerne den Kontakt zu seinen Artgenossen. Geben Sie einfach einmal mehrere Würmer auf einen Teller und beobachten Sie, was passiert. Mit großer Wahrscheinlichkeit werden sich bald mehrere Würmer anhäufen, um sich gegenseitig Schatten und Feuchtigkeit zu spenden.

Diese Gedanken sollen als Anregung dienen. Setzen Sie auch Ideen Ihres Kindes um. Behalten Sie aber bitte immer im Auge, dass es sich um Lebewesen handelt. Gehen Sie mit dem Wurm behutsam um und geben Sie ihn nach kurzer Zeit in die Wurmkiste zurück, damit er sich wieder erholen kann. Setzen Sie den Wurm nicht zu lange dem hellen Licht und der Trockenheit aus. Der Anteil der UV-Strahlen im Tageslicht ruft in ihnen Schädigungen hervor. Sie trocknen zudem sehr leicht aus. Verwenden Sie am besten für jedes Experiment einen anderen Wurm.

Geld verdienen durch die Wurmkiste

Manchmal erwirtschaftet eine Schule oder ein Kindergarten Geld mit Basaren oder Flohmärkten. Vielleicht können Sie in solch einem Rahmen Angelköder und Wurmhumus zum Verkauf bereitstellen und anderen das umweltfreundliche Kompostieren in der Wohnung näher bringen. Es gibt Schülerfirmen, die seit Jahren Geld mit dem Verkauf von Angelködern, Wurmhumus und Wurmtee erwirtschaften.
Um den Flüssigdünger abzufüllen, können die Kinder bereits im Vorfeld leere Verpackungen sammeln. Möglich sind gereinigte Tetrapacks und Plastikflaschen, in deren Deckel mit einem Nagel ein bis zwei Löcher geschlagen werden. Auf Glasflaschen sollten Sie wegen der bestehenden Explosionsgefahr lieber verzichten. Statt in die Deckel Löcher zu schlagen, können die Flaschen natürlich auch aufgeschraubt aufbewahrt werden. Sie sollten dann aber wegen der Gefahr des Umstürzens besser eng aneinander stehend in Kisten aufbewahrt werden.
Natürlich fördert es Interesse und Begeisterung stark, wenn an solch einem Stand eine Wurmkiste zu besichtigen ist und außerdem eine Person anwesend, die neugierige Fragen kompetent beantworten kann. Erfahrungsgemäß ist es auch hilfreich, einige Kinderbücher und Fotos zur Anschauung bereitzustellen. Damit die angebotenen Produkte auch richtig genutzt werden, kleben Sie am besten auf die Packungen Gebrauchsanweisungen auf.

Fragen und Antworten

Hier haben wir einige häufige Fragen noch einmal zusammengefasst. So können Sie dieses Buch auch als praktisches Nachschlagewerk nutzen.

Wie viel fressen die Würmer?

Erfahrungsgemäß fressen 500 g Würmer etwa 100 g Abfall pro Tag. Da sich die Wurmpopulation ihrer Futtermenge anpasst, können Sie ganz allmählich immer mehr Futter zugeben.

Können die Würmer noch mehr fressen?

Wenn Sie Ihre Wurmkiste bereits seit einigen Monaten besitzen und sie schon etabliert ist, können folgende Maßnahmen dazu beitragen, dass Ihre Würmer mehr fressen:
Halten Sie Ihre Wurmkiste bei 15–25 °C, in dem Temperaturbereich, bei dem sich die Würmer und Bakterien am wohlsten fühlen. Zerkleinern Sie Ihre Küchenabfälle manuell mit einem Messer oder mit einer Küchenmaschine, bevor Sie sie in die Kiste geben. Die Oberfläche der Nahrung wird so vergrößert und von den Bakterien schneller besiedelt, was den Rottevorgang beschleunigt und Zellulose liefert.
Legen Sie auf die frischen Abfälle in der Wurmkiste eine Hanfmatte. Das Milieu unter der Hanfmatte ist ideal, um die Zersetzung voranzutreiben.
Verzichten Sie darauf, Zitrusfrüchte sowie Lauch- und Zwiebelgewächse zuzufüttern. Sie werden von den Würmern gemieden und erst gefressen, wenn nichts anderes mehr da ist.
Füttern Sie wöchentlich eine Handvoll des Mineral-Mixes. Die zusätzlichen Mineralien und Spurenelemente sowie der enthaltene Kalk fördern die Vermehrung der Bakterien und der Kompostwürmer, und bereichern den entstehenden Wurmhumus.
Stocken Sie Ihr System um eine zusätzliche Arbeitsschicht auf, in die Sie Ihre Abfälle füllen. Wenn Sie mehr Würmer brauchen, dann müssen Sie ihnen auch zusätzlichen Platz bieten.

Können meine Würmer Gartenabfälle fressen?

Eigentlich ist das Volumen einer Wurmkiste eher darauf ausgelegt, Küchenabfälle zu kompostieren. Prinzipiell ist es aber gut möglich, auf diese Weise auch weiche Gartenabfälle zu kompostieren. Bedenken Sie dabei jedoch, dass bestimmte Samen die Rotte überstehen,

da es in der Wurmkiste nicht zu hohen Temperaturen kommt. Harte Gartenabfälle, wie beispielsweise Holzschnitt, gehören definitv nicht in die Wurmkiste. Es dauert nämlich mehrere Jahre, bis diese Materie in Humus umgewandelt wird.
Natürlich können Sie auch Ihren Komposthaufen ankurbeln, indem Sie Kompostwürmer aus Ihrer Wurmkiste nehmen und diese im Kompost aussetzen. Entnehmen Sie aber nie mehr als 1/4 der Würmer aus der Wurmkiste, um eine schnelle Repopulation zu ermöglichen.

Kann ich zu viele Würmer haben?

Die Kompostwürmer passen sich in ihrer Population dem zur Verfügung stehenden Nahrungsangebot an. Somit können Sie nie zu viele Würmer haben. Wenn Ihr System eingespielt ist, haben Sie genau so viele, wie Sie brauchen. Sollte abzusehen sein, dass sich Ihre Essgewohnheiten stark ändern, können Sie 1/3 der Würmer aus der Kiste entnehmen, um die Nachfrage an Futter zu dämpfen.

Wie kann ich am besten die Würmer meiner Wurmkiste einsammeln?

Zum Angeln ist es sicherlich am einfachsten, den Kompost zu öffnen und sich direkt einige dicke Exemplare herauszuholen.
Brauchen Sie mehr Würmer, beispielsweise um einen weiteren Komposter zu starten, können Sie wie folgt vorgehen:
In den zersetzten Abfällen der unteren Etagen befinden sich viele Würmer, wenn der Kompost noch nicht ausgereift ist. Für eine neue Wurmkiste ist es am einfachsten, 1/3 des halbfertigen Kompostes samt den darin enthaltenen Würmern direkt zu transferieren. Mit dem halbfertigen Kompost werden auch andere wichtige Bodenlebewesen mitgeliefert. Er bietet den Würmern gleichzeitig eine Behausung.
Diese Vorgehensweise ist relativ mühelos, hat jedoch einen Nachteil: Sie wissen nicht, wie viele Würmer Sie weggeben. In der alten Wurmkiste wird sich die Population schnell wieder aufbauen. Achten Sie jedoch darauf, nicht zu viele Würmer abzugeben, da die Würmer sonst mehr Zeit brauchen, um Ihre Abfälle zu fressen. Es kann auch lange dauern, bis sich die Würmer in der neuen Kiste ausreichend vermehrt haben, wenn in dieser zu wenige enthalten sind.

Die Lichternte

Mary Appelhof stellt in ihrem Buch „Worms Eat My Garbage“ eine effiziente, aber etwas mühevolle Möglichkeit vor. Dieses Vorgehen ist gleichzeitig eine Alternative zu unserem bisher aufgezeigten Weg der Komposternte:

Breiten Sie auf dem Boden eine große Plastikplane aus. Darauf schütten Sie nun den halbfertigen oder fertigen Kompost auf.
Teilen Sie den Kompost in mehrere kleine Häufchen und setzen Sie diese einige Minuten dem Licht aus. Die Würmer versuchen, sich vor dem Licht zu verstecken und verkriechen sich in das Innere der Häufchen.

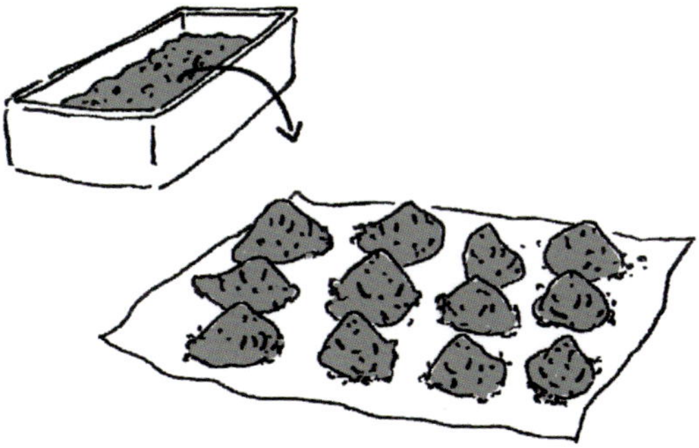

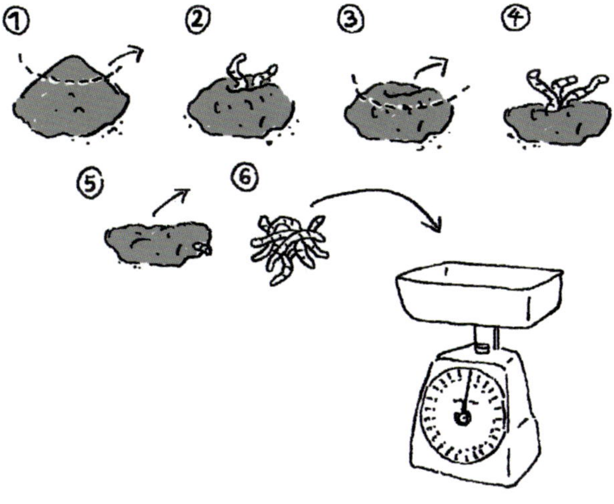

Mühsam, aber effizient: Die Lichternte. So können Sie Wurmhumus ernten und gleichzeitig Ihre Wurmpopulation im Blick behalten.

1. Entfernen Sie nun jeweils die obere Schicht der Häufchen. Streichen Sie dafür am besten die Erde nach unten hin weg.

2. Die Würmer werden sich erneut in tiefere Schichten verkriechen wollen.

3. Entfernen Sie wieder die oberste Kompostschicht.

4. Wiederholen Sie die Schritte, bis Sie nur noch die bloßen Würmer vor sich haben. Sie versuchen, dem Licht zu entfliehen und wimmeln sich einer über dem anderen.

5. Sammeln Sie die Würmer in einen Behälter.

6. Wiegen Sie diesen. Sie wissen nun genau, wie viele Würmer (in Gewicht) Sie haben. Nach dem Wiegen sollten die Würmer sofort in frisch vorbereitete Einstreu gegeben werden, damit sie nicht austrocknen.

Eigentlich ist es nicht notwendig, zu wissen, wie viele Würmer sich in Ihrer Wurmkiste befinden, sofern diese gut funktioniert. Wenn Sie dennoch wissen wollen, wie viele Würmer sich in Ihrem Wurmhumus befinden, so geben Sie die oberste und mittlere Etage abwechselnd direkt über das Auffangbecken. Entfernen Sie den Wurmhumus Schicht für Schicht. Legen Sie zwischendurch immer wieder Pausen ein, in denen Sie den Humus beleuchten. Die Würmer verkriechen sich dann in das Auffangbecken, wo sie eingesammelt und gewogen werden können.

Wie lege ich eine Mini-Wurmzucht an?

Eine kleine Wurmzucht zu Hause zu halten ist gar nicht schwer. Füllen Sie dazu einfach einen Eimer mit Kartonschnipseln und halbreifem Wurmkompost. In diesem befinden sich bereits Kokons und einige Würmer. Bei Bedarf können Sie weitere Würmer aus Ihrer Wurmkiste hinzugeben. Auf ein Anfeuchten der Kartonschnipsel kann verzichtet werden, da diese mit der Zeit von selbst durchfeuchten. Nun werden die Würmer dem Tageslicht ausgesetzt, damit sie von selbst in die Tiefe kriechen. Schließlich geben Sie noch ein paar Bioabfälle in den Eimer und binden ein Handtuch über die Öffnung. So können die Würmer atmen, gehen aber nicht auf Wanderschaft. Hin und wieder sollte die Wurmzucht auf den Feuchtigkeitsgrad überprüft werden und mit Bioabfall, Kartonage und Mineral-Mix gefüttert werden. Jetzt können sich die Würmer vermehren und wachsen.

Kann ich verreisen?

Auch wenn Sie eine Wurmkiste haben, können Sie bis zu sechs Wochen verreisen. Sie sollten jedoch zuvor einige Maßnahmen ergreifen: Füttern Sie eine große Menge Abfall zu. Bei längerer Abwesenheit können Sie mehrere Ausgaben einer Tageszeitung, die Sie zuvor gut mit Wasser getränkt haben, in der Wurmkiste platzieren. Bitte achten Sie aber darauf, dass dieser Zeitungshaufen höchstens die Hälfte der Oberfläche bedeckt.
Jetzt leeren Sie noch einmal den Flüssigdünger aus und stellen einen Eimer unter den offenen Hahn. So verhindern Sie einen Stau während Ihrer Abwesenheit. Wollen Sie ganz sicher sein? Dann stellen Sie die Wurmkiste in die Dusche oder Badewanne und lassen eine Lampe an. Falls Sie in den Wintermonaten verreisen und dabei die Heizung ausstellen, sodass für die Würmer die Gefahr des Erfrierens besteht, sollten Sie die Kiste lieber für die Dauer der Reise bei jemand anderem unterstellen.

Meine Würmer ertrinken im Auffangbecken

Manchmal fallen die Würmer in das mit Flüssigkeit gefüllte Auffangbecken und finden dort nicht mehr von allein hinaus. Es kann vorkommen, dass sie dort ertrinken. In den meisten Wurmkisten genügt es, den Flüssigdünger wöchentlich zu entfernen. In den Wurmkisten-Modellen Wurm Café, Lombrico Wurmfarm und Worm Works gibt es daher extra Erhebungen (sogenannte Rettungsinseln), damit die Würmer wieder in die darüberliegende Schicht finden.
In Ihrem selbst gebauten Modell können Sie diese Idee nachahmen und einzelne große Steine in das Auffangbecken legen. Idealerweise sind die Steine leicht angeflacht und ausreichend hoch, sodass Sie über die Flüssigkeit hinausragen. Legen Sie diese Steine an den Rand,

sodass die Würmer von dort aus über die Wände wieder in die darüber liegende Arbeitsetage gelangen.
Falls Ihre Wurmkiste in der prallen Sonne steht und sich dort richtig aufheizt, kann es auch passieren, dass sich die Würmer ins Auffangbecken begeben, um sich dort abzukühlen. In diesem Fall sollte die Wurmkiste an einen schattigen, kühleren Platz gestellt werden.

Ich habe viele weißliche Würmer in der Wurmkiste

Die kleinen, weißen Würmer sind Enchyträen. Sie treten immer dann vermehrt auf, wenn das Substrat relativ sauer geworden ist. Den pH-Wert in Ihrer Wurmkiste können Sie mit einem Teststreifen ermitteln. Durch Kalkzugaben oder Mineral-Mix-Zugaben können Sie wieder einen neutralen pH-Wert erreichen.

Ameisen in der Wurmkiste

Wenn Sie Ihre Wurmkiste draußen platzieren, können bisweilen Ameisen darin vorkommen oder gar ganze Nester hineinbauen. Dies ist ein Zeichen dafür, dass Ihre Wurmkiste zu trocken ist. Weiterhin werden Ameisen vor allem von süßen Früchten, wie Äpfel, Nektarinen, Pflaumen, Birnen angelockt. Ameisen stellen keine Gefahr für die Würmer dar, sind jedoch Futterkonkurrenten.
Um eine Invasion zu vermeiden reicht es, die Wurmkiste feucht zu halten. Sollten die Ameisen jedoch hartnäckig sein, können Sie die Füße der Wurmkiste in Wasser stellen, sodass die Ameisen gar nicht erst hineingelangen.
Hat sich ein ganzes Nest eingerichtet, so müssen Sie dieses mit behandschuhten Händen ausheben und unter einem Strauch oder Ihrer Gartenhecke aussetzen. Vereinzelt übrig bleibende Ameisen können ohne ihren Staat nicht überleben.

Ich habe keinen Flüssigdünger

In der Anfangszeit ist es völlig normal, wenn noch kein Flüssigdünger auftritt. Es dauert einige Zeit, bis die Flüssigkeit ins Sammelbecken gelangt.
Sollte aber auch nach mehreren Monaten kein Flüssigdünger entstehen, so werfen Sie einen kritischen Blick in Ihre Wurmkiste. Vielleicht ist diese nämlich zu trocken. Betrachten Sie die Kartonage: Saugt sie sich gut mit Wasser voll? Nehmen Sie eine Handvoll Substrat (ohne

Würmer) in die Hand und pressen Sie dieses zusammen. Treten ein paar Tröpfchen Wasser aus? Wenn Sie beides verneinen, ist Ihre Wurmkiste zu trocken. Dies passiert manchmal in den heißen Sommermonaten. Gießen Sie Ihre Wurmfarm mit 500 ml Wasser und lassen Sie die austretende Flüssigkeit sofort ab. Warten Sie zwei Tage und überprüfen Sie die Wurmfarm. Sollte es immer noch zu trocken sein, so wässern Sie erneut.

Wie kriege ich richtig fette Würmer zum Angeln?

Wie bereits beschrieben, eignen sich „Dendros“ (*Dendrobaena veneta*) von den drei vorgestellten Arten zum Angeln am besten. Gehen Sie wie folgt vor:
Da sich in der Wurmkiste eine große Anzahl Würmer das Futter aufteilen müssen, bleiben sie dort eher schlank. Deswegen ist es sinnvoll, einige wenige Würmer zu isolieren und sie mit speziellem Futter aufzupäppeln. Sie können hierfür auch eine Styroporkiste mit Deckel nehmen. Bohren Sie ein paar Löcher in den Deckel, um eine ausreichende Sauerstoffzufuhr zu gewährleisten. Geben Sie nun eine 6–10 cm dicke Schicht halbreifen Kompost als Streu in die Kiste. Entnehmen Sie Ihrer Wurmkiste einige Dendros und geben Sie diese in ihr neues Zuhause. Stellen Sie sie an einen eher kühlen Ort (10–15 °C). Hier erhalten die Würmer nun Spezialnahrung. Neben Bioabfällen und Karton werden nun auch Mehl und Haferflocken oder eine spezielle „Fettmachernahrung“ (Wurm-Wachs-Pulver) zugefüttert. Dadurch erhalten die Würmer mehr Protein und werden dicker.

Rezept für Wurmfettmacher:

Legemehl für Hühner oder Mineral-Mix	50 %
Weizen- oder Maismehl	20 %
Kleie oder Weizenmehl	15 %
Kalk	15 %

Pudern Sie das Mehl dünn auf die Oberfläche des Substrates. Sie sollten es vermeiden, die Mischung unterzuheben. Durch einen Verrottungsprozess des Mehles entsteht Ammoniak, welches die Würmer stört. Füttern Sie das Mehl häufiger, aber immer nur in geringen Mengen zu. Warten Sie ab, bis das Mehl komplett verspeist wurde, bevor Sie neues zugeben. Achten Sie darauf, dass es innerhalb der Kiste feucht genug, aber nicht nass ist. Regulieren Sie die Feuchtigkeit bei Bedarf mit einer

Blumenspritze oder Kartonzugaben. Der ideale Feuchtigkeitsgrad beträgt etwa 80 % . Sollten Sie an den Bioabfällen Schimmel entdecken, entfernen Sie diesen oder bedecken Sie ihn mit Substrat.
Nach 2 bis 3 Wochen sollten die Würmer an Gewicht zunehmen, gleichzeitig aber aktiv bleiben. Sind Ihnen die Würmer dick genug, dann können Sie diese als Köder verwenden.

Brauchen Sie die Würmer innerhalb von 8 Wochen auf und bringen Sie den restlichen Inhalt ihrer Kiste in die Wurmkiste. Werden die Würmer nämlich zu lange mit Proteinen gemästet, kann eine Proteinvergiftung auftreten. Dies kann für viele Würmer tödlich enden. Daher sollten Angler ihre Würmer genau im Auge behalten, wenn sie mehlhaltiges Zusatzfutter geben. Sie erkennen den Beginn der Vergiftung daran, dass sich bei geschlechtsreifen Würmern das Clitellum zu verändern beginnt. Es wird knubbelig und verformt sich zusehends. Im Endstadium lösen sich die Würmer in einzelne Segmente auf und sterben.
Das überflüssige Protein wird in der Wurmkiste auch schnell zu Ammoniak verwandelt, welches die Würmer zusätzlich stresst und deren Haut angreift. Sollten Sie die Anfänge einer Vergiftung feststellen, verringern Sie sofort das Füttern von proteinhaltigen Zugaben wie Mehle, Pasta und Mineral-Mix.

Würmer im Garten?

Kompostwürmer graben keine tiefen Gänge und sind daher auf eine Schicht organischen Materials zum Überleben angewiesen. Wollen Sie diese auf Ihren Beeten aussetzen, so sollten Sie für eine dicke Mulchschicht sorgen. Zum Mulchen eignen sich verschiedene Gartenabfälle.
Idealerweise besteht diese Mulchschicht aus einer Mischung von kohlenstoffreicher und stickstoffhaltiger Materie, eine gute Mischung wird zum Beispiel durch Stroh (enthält viel Kohlenstoff) und frischen Rasenschnitt (enthält viel Stickstoff) erreicht.
Auch beim Mulchen ist die richtige Mischung von Stickstoff (N) und Kohlenstoff (C) (C:N Verhältnis 1:20) vorteilhaft, aber nicht zwingend notwendig.
Nicht jede Mulchart sagt den Kompostwürmern jedoch zu, sodass die Population relativ gering bleiben kann und viele Individuen auswandern. Das ist aber nicht schlimm, da die Kompostwürmer ihre Umgebung auch für Tauwürmer vorbereiten, sodass diese sich mit der Zeit ansiedeln werden. Tauwürmer finden im Mulch ausreichend viel Nahrung und sorgen durch ihre Gänge für eine bessere Belüftung und

Mulchschicht im Garten

Bewässerung des Bodens. Außerdem erhöht sich auch durch ihren Kot die Bodenfruchtbarkeit.
Sie können auch Ihren Komposthaufen mit Kompostwürmern impfen. Sie werden dort wertvolle Arbeit leisten. Idealerweise sollten Sie den Komposthaufen dann aber vor Fressfeinden schützen, indem sie den unteren Bereich zum Erdboden mit Gitter auslegen. Der Erdkontakt ist wichtig, da dort das Sickerwasser abfließt. Außerdem nehmen die Würmer Mineralien aus dem Gartenboden auf und können sich im Winter vor dem Frost dorthin zurückziehen. Decken Sie den Haufen oben mit einem Karton oder einem dicken Baumwolltuch ab, damit der Komposthaufen nicht austrocknet.

Was tun, wenn es draußen kalt ist?

Sollte Ihre Wurmkiste bisher draußen gestanden haben und der Winter nähert sich, so holen Sie diese besser schnell nach drinnen. Die Würmer werden es Ihnen danken und Ihre Abfälle wesentlich schneller zersetzen, da sie zwischen 15 und 25°C am aktivsten sind. Als kaltblütige Tiere nimmt ihre Aktivität unter 10°C stark ab. Ist es ihnen zu kalt, fressen sie kein oder nur sehr wenig Futter, was die Entsorgung der Abfälle problematisch gestalten kann. In der freien Natur begeben sie sich in tiefere Erdschichten, rollen sich ein und überwintern auf diese Weise. Sie erhöhen zudem bei zunehmender Kälte ihre Kokonproduktion. Da die Kokons recht frostsicher sind, wahren sie so ihre Art.

Obwohl es wichtig ist zu handeln, gilt es nichts zu überstürzen. Die Prozesse in der Wurmfarm sind für unser Zeitgefühl recht langsam und so muss auch eine Korrektur der Verhältnisse mit Geduld abgewartet werden.
Überprüfen Sie bitte zuerst, ob das Auffangbecken gefüllt ist. Staunässe vertragen die Würmer nämlich nicht und durch einen hohen Feuchtigkeitsgrad in der Wurmkiste wird das Substrat nicht mehr ausreichend mit Sauerstoff versorgt. Entfernen Sie den Flüssigdünger und geben Sie eventuell vorhandene Würmer wieder zurück ins Substrat. Geben Sie etwas Kartonage und Mineral-Mix zu, damit die überschüssige Feuchtigkeit aufgesogen werden kann und das Substrat belüftet wird. Lassen Sie den Deckel offen und lüften Sie so lange, bis jeglicher schlechte Geruch entfernt ist. Füttern Sie weniger Nahrung zu, bis das Problem behoben wurde. Graben Sie die Wurmkiste einmal um. Die Fäulnisbakterien mögen keinen Sauerstoff. Wenn sie dem Sauerstoff vermehrt ausgesetzt werden, verschwinden sie von ganz allein und das System gesundet schnell.

Meine Würmer sehen abgeschnürt aus

Dies passiert oft, wenn die Würmer viele Brotreste erhalten oder zusätzlich mit Mehl und anderem proteinhaltigen Zusatzfutter gemästet werden. Es handelt sich hierbei um eine Proteinvergiftung, bei der bestimmte Partien des Wurmes eingeschnürt werden. Lesen Sie dazu bitte auf Seite 85 weiter: Wie kriege ich richtig fette Würmer zum Angeln?

Wie reinige ich meine Wurmkiste?

Es ist wichtig, die Atemlöcher im Deckel hin und wieder zu säubern. Die Würmer kriechen auch über die Unterseite des Deckels und überziehen diesen im Laufe der Zeit mit Erde. Zum Reinigen genügt häufig ein kräftiger Schwall Wasser aus dem Duschkopf. Sie können auch die Löcher mit einer Nadel durchstechen, um die Bahnen für die Luft wieder freizulegen. Wenn Sie wollen, können Sie auch hin und wieder das Auffangbecken mit Wasser reinigen, da sich dort mit der Zeit eine schlammige Kompostschicht bildet.
Bei manchen im Handel befindlichen Wurmfarmen mit Abwasserhahn kann man den oberen Teil des Hahns um 90 Grad drehen (also auf „offen“ stellen) und herausziehen. Wenn Sie jetzt einen feuchten Lappen durch die Öffnung ziehen, säubern Sie so das Gewinde und verhindern ein Lecken des Hahnes.

Was kann ich gegen Fruchtfliegen machen?

Fruchtfliegen kommen oft bereits in der Schale von Obst mit in die Wurmfarm.
Bei Fruchtfliegengefahr, etwa bei Äpfeln, Bananen oder Ähnlichem wickeln Sie die Abfälle gut in Zeitungspapier ein und platzieren Sie diese unter einer Hanfmatte in der Wurmkiste. Die Hanfmatte sorgt dafür, dass es um das Futter herum immer dunkel, feucht und atmungsaktiv ist, aber nie so nass, dass sich die Larven der Fruchtfliegen wohl fühlen. (Bitte decken Sie die Wurmkiste nie mit mehreren Lagen Zeitungspapier ab, da diese schnell luftundurchlässig werden und so die Sauerstoffzufuhr unterbrechen.) Alternativ können Sie die Abfälle auch ins Substrat eingraben.
Sollten doch einmal größere Mengen von Fruchtfliegen die Wurmkiste verlassen, können Sie diese mithilfe einer Essigfalle einfangen. Dazu mischen Sie 2 Teile Essig mit 1 Teil Apfelsaft und 2 Teilen Wasser. In diese Mischung kommen 2–3 Tropfen Spülmittel, um die Oberflächenspannung zu senken. Jetzt stellen Sie die Mischung in einem Glas in der Nähe der Wurmkiste auf. Die Fruchtfliegen werden bei dem Versuch, Eier darin abzulegen, versinken. Bitte benutzen Sie diese Essigfalle niemals im Freien, da sie auch sehr nützlichen Insekten zum Verhängnis werden kann.
In extremen Fällen können zusätzlich zu den üblichen Fruchtfliegenfallen auch Nematoden direkt in die Wurmkiste eingesetzt werden. Diese Fadenwürmer befallen dann die Larven der Fliegen und unterbrechen so den Kreislauf. Die Larven können auch ausgehungert werden. Fruchtfliegen haben einen Generationszyklus von 2 Wochen. Füttern Sie einfach 3 Wochen lang nur Kartonage und Mineral-Mix, um die Reproduktion komplett zu unterbrechen.

Stubenfliegen

Fliegen werden von dem Geruch von verwesendem Protein angezogen. Da kein Fisch, Fleisch oder Milchprodukte in der Wurmkiste entsorgt werden sollten, kommen Fliegen nur äußerst selten vor.
Bei Fliegenmaden fallen vor allem die dunklen Kieferhaken aus Chitin am zugespitzten Vorderende und die beiden dunklen Atemlöcher am dicken Ende auf. Ausgewachsene Fliegen haben nur eine kurze Lebensdauer von wenigen Tagen oder Wochen. Die größte Lebensspanne nimmt das Larvenstadium ein. Dabei ernähren sie sich von allen organischen Substanzen und tragen so ebenfalls zum Zersetzungsprozess bei. Um Fliegen und Larven zu vertreiben, kann man die befallenen Stellen großzügig mit Gesteinsmehl einstäuben.

Mücken

Selten kommen Mücken in der Wurmkiste vor. Es handelt sich dabei aber nicht um Stechmücken, sondern um die Trauermücken (Sciaridae) und Dungmücken (Scatopsidae). Sie können leicht mit der Taufliege verwechselt werden, haben jedoch längere Fühler. Die Trauermücke erreicht eine Größe von 5–7 mm und ist dunkel gefärbt. Bei der Dungmücke handelt es sich um eine dunkle Mücke mit einer Größe von 1,5 mm. Sie kann an ihren fast transparenten Flügeln erkannt werden.
Wenn Sie Mist in Ihre Kompostkiste einbringen, erhöhen Sie das Risiko beträchtlich, solche unerwünschten Tiere einzuführen. In einer gut funktionierenden Wurmkiste besteht generell ein Gleichgewicht zwischen Jägern und Gejagten. Die Fliegen- und Mückenlarven werden dabei von den Raubmilben gefressen. Auch Mückenlarven lassen sich mit Gesteinsmehl und Nematoden vertreiben.

Hilfe, mein Vermieter mag keine Würmer!

Regelungen zur Haltung von Wirbellosen sind Ländersache. Es gibt also in jedem Bundesland unterschiedliche Regelungen, deren vorrangiger Sinn und Zweck es ist, die Haltung von, eventuell sogar giftigen, Insekten, Spinnen oder Schnecken in Terrarien o. Ä. in geordnete Bahnen zu lenken. Dabei reicht das Spektrum vom absoluten Haltungsverbot bis hin zum völligen Fehlen einschlägiger Vorschriften.
Abgesehen von den mehr oder weniger konkreten Regelungen zur Haltung von Wirbellosen hat der BGH kürzlich das generelle Haustierverbot gekippt und derartige Klauseln in Mietverträgen als unangemessene Benachteiligungen der Mieter deklariert. Erforderlich ist eine Abwägung der Interessen im Einzelfall. Kleintiere dürfen stets ohne Einwilligung des Vermieters in einem Käfig in der Wohnung gehalten werden.
Empfehlenswert ist in jedem Fall vor dem Start einer Wurmkiste mit dem Vermieter zu sprechen, ihn vielleicht mit Hilfe dieses Buches sogar von den Vorteilen der Kompostierung zu überzeugen. Sicher ist es allemal besser, offen mit dem Thema umzugehen, statt ohne Rücksprache loszulegen und unnötig Streit zu verursachen. Vielleicht findet sich ja auch in Keller oder Garage ein Standort für die Wurmkiste, der weniger sensibel ist als die neue Küche mit Parkettboden?

Service

Was heißt noch mal …?

aerob – Aerobe Bodenorganismen (die ganze Bodenfauna und Teile der Bodenflora leben aerob) brauchen Sauerstoff zum Atmen.
anaerob – Anaerobe Bodenorganismen brauchen oder vertragen keinen Sauerstoff, z. B. die Fäulnisbakterien.
Clitellum – Eine Verdickung am vorderen Drittel des Regenwurmes, die der Fortpflanzung dient.
Dendrobaena veneta – Der wissenschaftliche Name für einen besonders großen Kompostwurm, welcher auch zum Angeln verwendet werden kann. Von einigen Zoologen wird die Art als *Eisenia veneta* bezeichnet.
Destruenten – Sie sind Zersetzer, Organismen, die organische Materie abbauen.
Eisenia andrei – Der wissenschaftliche Name für einen bestimmten Kompostwurm.
Eisenia fetida – Ein Kompostwurm mit hoher Vermehrungsrate, der bei Gefahr stinkendes Sekret ausscheidet. Er wird daher auch Mistwurm genannt.
Enchyträen – Es sind kleine weiße Ringelwürmer, die sich hauptsächlich in sauren Böden aufhalten.
Humus – Anteil verrotteten organischen Materials im Erdboden.
Kalk – Damit kann die Säure in der Wurmkiste neutralisiert werden, er enthält Calcium. Der Handelsname für dieses Produkt ist kohlensaurer Kalk oder Calciumcarbonat.
Kokon – Von den Kompostwürmern abgelegte zitronenförmige, kleine Hüllen, in denen sich die befruchteten Regenwurmeier befinden.
pH-Wert – Er gibt an, ob ein Boden alkalisch, neutral oder sauer ist und kann mit Indikatorpapier oder einem Testset gemessen werden.
Proteinvergiftung – Sie entsteht durch Überfütterung der Würmer beispielsweise mit Mehl, als Folge bilden sich Einschnürungen am Wurm.
Springschwänze – Kleine, weiße Tierchen, die bei Gefahr relativ weit springen können.
Symbiose – Hierbei handelt es sich um eine Lebensgemeinschaft, die sich gegenseitig unterstützt.

Wo bekomme ich was?

Verschiedene Wurmkisten-Modelle, Kompostwürmer, Wintermäntel aus Hanf, Hanfmatten, Mineral-Mix und Vorsammeleimer erhalten Sie bei **Wurmwelten.de**.

Kompostwürmer (*Dendrobaena veneta*), Hanfmatten, Kalk und Urgesteinsmehl finden Sie bei **Poetschke.de**.

Pflanzenkohle24.de bietet Mineralien, Gesteinsmehle und Zubehör.

Kompostwürmer, Wurmkisten und Zubehör finden Sie auch bei **Naturwurm.ch** und bei **Alpenwurm.at**.

Zum Weiterlesen

Für Kinder:

Valérie Tracqui, Bernard Baranger: Der Regenwurm, Verlag Esslinger, Esslingen 2020
Gabi Vogelpoth: Toni, der Regenwurm, book-on-demand, Berlin 2007
Andy Pearson: Lerngeschichten – Tierische Abenteuer vom Regenwurm, der Schnecke und der Spinne, SDK Media, Göttingen 2009

Für Erwachsene:

Mary Appelhof: Worms Eat My Garbage, Verlag Chelsea Green Pub Co, 2017

Mary Appelhof, Mary F. Fenton, Barbara L, Harris: Worms Eat Our Garbage. Classroom Activities for a Better Environment, U.S.A., Flowerfield Enterprises, 2003

Clive A. Edwards, Norman Q. Arancon, Rhonda Sherman: Vermiculture Technology. Earthworms, Organic Wastes and Environmental Management, CRC Press, Boca Raton, FL (U.S.A.), 2010

Dettmer Grünefeld: Das Mulchbuch. Praxis der Bodenbedeckung im Garten. pala-verlag, Darmstadt 2008

Dr. Ralf Klinger: Regenwürmer – Helfer im Garten. Lebendiger Boden. Gesunde Pflanzen. Reiche Ernte. pala-verlag, Darmstadt 2010

Martina Kolarek: Kompostieren! Biologisch, einfach, schnell. Verlag Eugen Ulmer, Stuttgart 2018

Marie-Luise Kreuter: Der Biogarten. Das Original – komplett neu. blv, München 2019

Wenn Sie im Internet unterwegs sind …

Informationsquelle mit Webshop und Forum: www.wurmwelten.de

Eine virtuelle Ausstellung zum Thema Regenwurm mit vielen Informationen: www.bodenreise.ch/was-ist-bodenreise/archiv-regenwurm-ch/

Natur- und Umweltschutzakademie NRW: www.nua.nrw.de

Informationen der Uni Münster rund um den Boden: hypersoil.uni-muenster.de/1/02.htm

Informationen rund um den Regenwurm: www.pronatura.ch/tier-des-jahres-2011

Ein Verein rund um die Interessen der (Regen-)Würmer: www.pro-wurm.org

Informationsseite rund um Durchflusskomposter: www.oregonsoil.com

Dank

Ich möchte mich bei meiner Frau und meiner Familie bedanken, die immer daran geglaubt haben, dass ich mit diesem ungewöhnlichen Beruf erfolgreich sein kann. Ohne sie wäre dieses Buch nicht entstanden.
Ebenfalls danke ich Frau Lydia Germain für die gute Zusammenarbeit. Ein herzlicher Dank geht auch an Lionel Germain, der die ursprüngliche Idee hatte unseren Text mit lustigen Zeichnungen zu garnieren.
Und last but not least Danke an die Moderatoren und alle Mitglieder des Wurmwelten Forums. Euer unermüdlicher Enthusiasmus hat mich inspiriert!

Jasper Rimpau

Bildquellen

imago images/blickwinkel: Seite 8, Klappe vorne (Kokons)

Zoonar/Debby: Seite 87

Zoonar/Fotograf: Seite 10

wurmwelten.de: Seite 58, 59, Klappe vorne und hinten (alle Wurmfotos und Wurmfarm-Modelle)

Alle Zeichnungen in diesem Buch und auf dem Umschlag stammen von Susanne Dinkel, Reutlingen.

Register

Die in diesem Buch enthaltenen Empfehlungen und Angaben sind von den Autoren mit größter Sorgfalt zusammengestellt und geprüft worden. Eine Garantie für die Richtigkeit der Angaben kann aber nicht gegeben werden. Autoren und Verlag übernehmen keine Haftung für Schäden und Unfälle. Bitte setzen Sie bei der Anwendung der in diesem Buch enthaltenen Empfehlungen Ihr persönliches Urteilsvermögen ein.
Der Verlag Eugen Ulmer ist nicht verantwortlich für die Inhalte der im Buch genannten Websites.

Bibliografische Information der Deutschen Nationalbibliothek
Die Deutsche Nationalbibliothek verzeichnet diese Publikation in der Deutschen Nationalbibliografie; detaillierte bibliografische Daten sind im Internet über http://dnb.d-nb.de abrufbar.

Wollgrasweg 41, 70599 Stuttgart (Hohenheim)
E-Mail: info@ulmer.de
Internet: www.ulmer.de
Lektorat: Christine Condé, Doris Kowalzik
Herstellung: Judith Schumann
Umschlaggestaltung: Antje Warnecke, nordendesign.de
Satz: r&p digitale medien, Echterdingen
Druck und Bindung: Pustet, Regensburg
Printed in Germany

ISBN 978-3-8186-1325-9